고양이가
좋아하는
청소 정리

야노 미사에 지음   이해란 옮김

Original Japanese title:
TEBAYAKU SASATTO RAKU NI SUKKIRI! NEKO GA YOROKOBU SOUJI·KATAZUKE

© Misae Yano, 2018
Original Japanese edition published by TATSUMI PUBLISHING CO., LTD.
Korean translation rights arranged with TATSUMI PUBLISHING CO., LTD.
through The English Agency (Japan) Ltd. and Duran Kim Agency

고양이가
좋아하는
청소 정리

야노 미사에 지음 이해란 옮김

목차

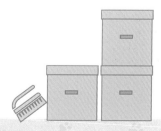

기분 좋은데— 그러게—

고양이는
청소의 신입니다!

고양이 발에 먼지가 묻은 걸 봤을 때, '우리 고양이를 위해서라도 청소하자!'라고 생각했습니다. 하지만 저는 꼼꼼히 청소하는 데 재주가 없는 사람이라 짧은 시간에 후다닥 힘들이지 않는 것을 기준으로 간편한 청소법을 찾아 헤맸습니다.
고양이가 없었다면 청소를 더 못했을지도 몰라요. 고맙습니다, 고양이 님!

돌돌돌…

새근새근…

야노 집사, 고마워…

우즈라

천재 장난꾸러기
취미는 쓰레기 헤집기

고등어태비 ♂ 8살

모래밭에 파묻혀 있던 걸 야노가 구
조했다. 천으로 된 물건을 씹는 버
릇이 있고, 삼켜서 장폐색에 걸린 적
도……. 워낙 먹보라 음식이라면 사
족을 못 쓴다. 몸집보다 약간 작은
종이 상자를 무척 좋아함.

야노 미사에입니다. 고양이와 함께 사는 가정을 취재했어요!

저는 매일매일 온 집안을 청소하지는 않아요. '부분적으로' 청소하는 스타일이라 안 하고 넘어가는 날도 있어요. 그렇지만 고양이는 깨끗한 환경을 좋아하니까 방바닥, 고양이 털, 고양이 화장실과 식기에는 신경을 쓴답니다. 다묘가정인 만큼 감염을 예방하기 위해 살균에도 신경을 쓰는 편이고요. 하지만 '지금 이 정도로 충분할까?'라는 생각이 '고양이가 좋아하는 청소란 무엇인

가'로 커지기 시작했어요.

그래서 취재했어요! 멋진 집에서 고양이와 함께 생활하는 사람들을 찾아가 어떻게 청소하는지 물어보고, 고양이 잡지 《네코비요리*》를 통해서도 청소법을 모집했습니다. 이 책은 저의 청소법과 다른 집사들의 청소 아이디어를 모은 모음집입니다. 도움이 될 만한 아이디어를 얻으신다면 더없이 기쁠 거예요!

고양이 네 마리와 같이 살아요.
고양이들 덕분에
청소를 잘하게 됐답니다!

* 일본 다쓰미슛판(辰巳出版)에서 격월로 발행하는 고양이 잡지.

야노네 고양이들

레오

뛰어난 운동 신경의 소유냥
발톱 깎기는 질색!

치즈태비 ♂ 10살

나무뿌리에 끼인 채로 발견되었다. 낯가림이 심하다. 툭하면 숨어 있기 때문에 잘 보이질 않아 '환상의 고양이'라고 불림. 취미는 질투. 먹어도 살찌지 않는 날씬한 체형.

치탄

낮잠을 좋아하는
왕자님

고등어태비 ♂ 12살

빈집에서 구조되어 우리 집으로 입양 왔다. 지병인 뇌전증도 호전되어 현재는 느긋하게 지내고 있다. 과도한 그루밍이 취미라 항상 몸 어딘가에 땜빵이……. 얼굴을 쓰다듬어 주면 좋아함.

키키

사람 무릎이 최고!
형제들 뒤치다꺼리 담당

아메리칸숏헤어 ♂ 14살

피치 못할 사정으로 친구 집에서 우리 집으로 오게 되었다. 특기는 꼬리 흔들며 애교 부리기. 크림빵을 호시탐탐 노리고 있다. 사람 무릎에 올라가는 것을 좋아하는 할아버지 고양이.

1

고양이 털에 시달리지 않는 바닥 청소

바닥에서 뒹굴뒹굴 구르다가 발라당 드러눕는 고양이.
사랑스럽기 그지없는 광경이지만 문득 방구석으로 시선을 돌리면 고양이 털이 풀풀 날리고 있습니다. 수시로 털이 빠지는 고양이와 함께 살면서 청소에 지치지 않는 방법을 소개합니다.

야노네 집에서는 이렇게 합니다!

바닥 청소
아이디어

발라당 드러누울 만한
공간을 만드는 것이 중요!

바닥 청소는
아침에 일어나자마자

고양이가 네 마리나 있으면 빠지는 털의 양이 어마어마해요. 게다가 밤 동안 먼지와 함께 털이 바닥으로 가라앉기 때문에 일어나면 바닥 청소부터 후다닥 해치웁니다. 계단은 의외로 먼지가 많이 쌓이는 장소랍니다.

나무 바닥은 정전기 청소포로 걸레질합니다. 계단이며 방 구석구석에 쌓인 고양이 털을 놓치지 않도록 2층에서 1층으로 내려가며 닦습니다.

의자 발바닥도
간단하게 쓱싹

로봇 청소기를 쓰는 친구에게 "의자를 식탁에 올리면 편해"라는 조언을 듣고도 귀찮아서 안 올렸는데, 시험 삼아 해 봤더니 진짜였어요!

의자는 식탁 위에 올려놓고 청소

바닥 청소는 의자를 식탁에 올려놓고 합니다. 의자만 올려놔도 청소가 훨씬 수월해져요. 게다가 의자 발에 붙은 고양이 털까지 청소할 수 있으니 일석이조! 의자 발은 털이 잘 쌓이는 장소거든요.

여기 →

무거운 가구 밑에
바퀴나 펠트를 깔기

바닥을 편하게, 자주 청소하려면 바닥에 아무것도 두지 않는 게 상책! 꼭 두고 싶은 관엽식물 화분이나 캣타워 밑에는 카펫이나 두툼한 펠트를 깔아 놓습니다. 그럼 부드럽게 밀려서 옮기기가 쉬워요.

카펫이나 펠트로 흠집 없이 손쉽게 이동

두툼한 펠트를 밑에 깔아 놓으면 손쉽게 밀어 옮길 수 있고, 나무 바닥에도 흠집이 나지 않습니다. 문구점에서 파는 부직포를 겹쳐서 깔아도 괜찮아요.

바퀴는 받침대와의 궁합이 중요

쓰레기통에 별도 구매한 바퀴를 달아 청소 시 편하게 치울 수 있지만(왼쪽), 관엽식물 화분 받침대는 잘 밀리지 않아서 결국 폐기했어요(아래).

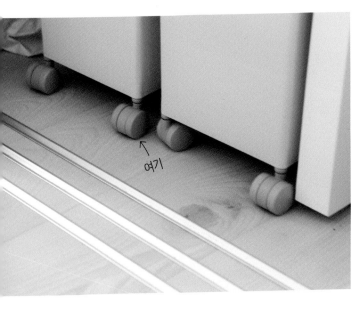

여기 →

밀리지 않아 실패…

털이 거꾸로 서도록

먼저 역방향으로 천천히 청소기를 돌려
러그의 털을 거꾸로 세웁니다.

비스듬하게

그 다음, 대각선으로
청소기를 돌려서 러
그 털을 다른 방향으
로 세웁니다.

마지막은 순방향으로
러그의 털 결을 따라
청소기를 돌립니다.

원래 결대로

아이디어 4

러그는 청소기로
방향을 다르게 세 번

러그 청소는 주 2회 정도만 하는
대신 꼼꼼하게 세 방향(역방향, 대
각선, 순방향)으로 청소기를 돌립
니다. 러그 깊숙이 박힌 고양이 털
과 먼지, 진드기 등을 싹 빨아들
여야 하니까요.

물, 소독제, 휴지를 담은 '토사물 청소 세트'를 준비해 두면 토사물을 발견해도 발빠르게 대처할 수 있습니다.

시간이 지나 말라붙은 토사물은 물에 불려서

고양이는 곧잘 토합니다. 뒤늦게 발견하면 토사물이 이미 말라붙어 있기도 하지요. 시간이 지나 말라붙은 토사물은 물을 뿌려서 불린 뒤 닦아 냅니다.

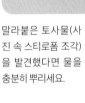

말라붙은 토사물(사진 속 스티로폼 조각)을 발견했다면 물을 충분히 뿌리세요.

그 위에 휴지를 덮어 얼마간 그대로 둡니다.

토사물이 물을 흡수하여 부드러워지면 덮어 두었던 휴지로 닦아 냅니다.

바닥에 균이 남지 않도록 소독제를 뿌립니다.

소독제까지 닦으면 청소 완료. 잘 닦이지 않는다면 이 과정을 여러 번 반복해요.

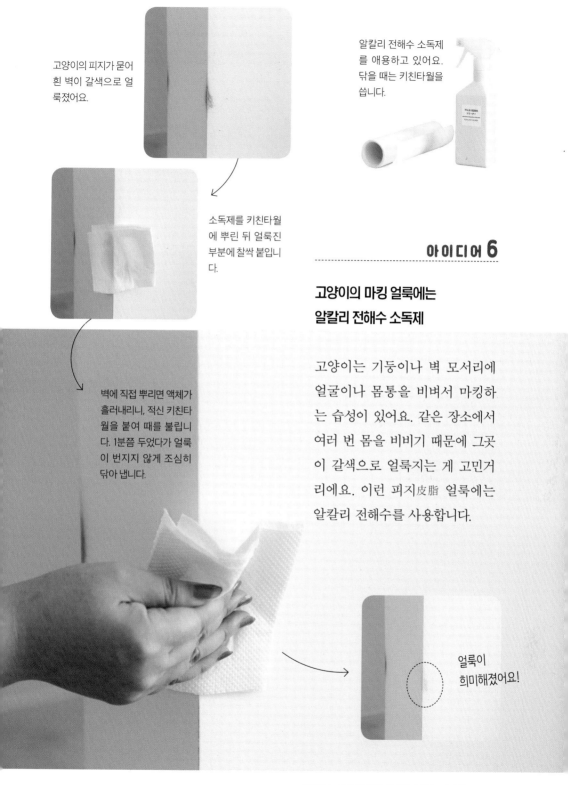

고양이의 피지가 묻어 흰 벽이 갈색으로 얼룩졌어요.

알칼리 전해수 소독제를 애용하고 있어요. 닦을 때는 키친타월을 씁니다.

소독제를 키친타월에 뿌린 뒤 얼룩진 부분에 찰싹 붙입니다.

아이디어 6

고양이의 마킹 얼룩에는 알칼리 전해수 소독제

고양이는 기둥이나 벽 모서리에 얼굴이나 몸통을 비벼서 마킹하는 습성이 있어요. 같은 장소에서 여러 번 몸을 비비기 때문에 그곳이 갈색으로 얼룩지는 게 고민거리에요. 이런 피지皮脂 얼룩에는 알칼리 전해수를 사용합니다.

벽에 직접 뿌리면 액체가 흘러내리니, 적신 키친타월을 붙여 때를 불립니다. 1분쯤 두었다가 얼룩이 번지지 않게 조심히 닦아 냅니다.

얼룩이 희미해졌어요!

아이디어 7

발자국은 세제를 사용하지 않고 물걸레질

맨발로 지내는 날이 많은 여름에는 사람 발바닥의 피지가 방바닥에 묻어나서 신경이 쓰이지요. 고양이들 발바닥이 더러워지는 것도 걱정스럽고요. 발바닥도 그루밍하는 고양이를 위해 세제가 함유된 청소포 대신 빨아 쓰는 키친타월로 물걸레질만 합니다.

평소에는 정전기 청소포로 후다닥 바닥이 끈적일 때는 키친타월로 물걸레질

빨아서 쓸 수 있는 키친타월을 물에 적셔 꽉 쥐어짠 다음 바닥을 닦습니다. 세제는 사용하지 않아요. 키친타월은 바닥 전체를 다 닦고 나면 버립니다.

제대로 청소하고 싶은 날에는 극세사 대걸레로

바닥을 전체적으로 확실하게 청소하고 싶은 날에는 극세사 걸레로 세제 없이 물걸레질을 해요. 극세사의 가느다란 섬유가 먼지를 지나치지 않고 꼼꼼하게 제거해 줍니다.

* 서로 색깔이 다른 두 가닥의
실을 꼬아서 만든 실.

얼룩이 잘 두드러지지 않는
믹사* 러그인데도 이렇게 토
한 흔적은 잘 보이지요.

극세사 걸레로 솔을
감싸서 문지릅니다.

오물을 흡수한
걸레

마무리로
물걸레질

극세사 소재는
흡수성이 좋아
서 오물 제거가
쉬워요.

아이디어 8

러그에 생긴 토사물 얼룩은
솔과 극세사 걸레로

고양이가 러그 위에서 토했을 때
는 극세사 걸레와 솔을 사용합니
다. 특히 토사물에 사료나 노란 위
액이 섞여 있으면 러그에 얼룩이
생겨요. 물에 적신 걸레로 솔을 감
싸고, 얼룩진 곳을 이리저리 문지
르면 오물이 걸레에 흡수됩니다.

극세사 걸레와 솔은 소모품이라 인터넷
에서 저렴한 가격으로 구입해요. 심한
얼룩에는 카펫 얼룩 제거제를 따로 사
용합니다.

가쓰오부시 님

셀프 인테리어로 바닥을 널찍하게 청소가 쉽게

무네치카

우루하

로쿠로마루

고양이 둘+개 하나+사람 셋(부부+아이)

길고양이, 사고로 다리를 잃은 고양이, 애니멀 호더에게서 구출한 고양이 등 집 없는 고양이들을 꾸준히 거두고 있다. 입양 갈 고양이들을 임시 보호하던 시절에는 고양이 다섯 마리, 개 한 마리와 함께 사는 대가족이었다.

인스타그램 @katsuwobushi
https://www.instagram.com/
katsuwobushi/

집 없는 고양이들과 살아왔어요

옷, 천이나 가죽 소품, 일러스트, DIY에 이르기까지 수작업을 무척 좋아하는 가쓰오부시 씨. 3년 전, 인테리어를 직접 하는 조건으로 맞춤형 주택을 장만했습니다.

"줄곧 강아지, 고양이와 함께 살아왔어요. 많을 때는 고양이 다섯 마리, 개 한 마리와 함께 살기도 했습니다. 말 그대로 대가족이었지요. 고양이는 동물 보호 센터에서 입양하거나 근처에서 구조한 아이가 대부분입니다. 병에 걸린 채 구조되어 짧은 기간 머무르다 무지개다리를 건넌 아이도 많아요."

불현듯 둘러보니 수제 벽걸이 선반이 달린 벽에 그동안 같이 산 고양이들의 사진이 있었습니다. 가쓰오부시 씨는 언제나 그 사진들을 보며 청소를 한다고 해요. 고양이 관련 청소용품도 나무 상자에 깔끔히 정리되어 있었습니다. 물건을 바닥에 두지 않아 청소 과정이 단순해졌어요.

매일 쓰는 청소용품끼리 모아서 보관

벽걸이 선반 중 일부는 목제 수납함 형태로 제작했다. 깊이가 있어서 이곳에 세제며 돌돌이 같은 청소 도구를 담아 걸어놓으니 집이 깔끔해 보인다.

수제 벽걸이 선반으로 벽을 활용

벽에 수납장을 설치할수록 공간이 좁아져 압박감이 생긴다. 로프형 선반을 직접 제작하여 수납 겸 장식 선반으로 사용. 로프의 검은색이 포인트 컬러가 된다.

밑에 대걸레가 들어가도록 높이를 확보

텔레비전이 벽걸이 티브이라 받침대는 두지 않았다. 대신 텔레비전 밑에 벽 선반을 만들고, 여기에 공유기 같은 집기를 수납하면 공간이 확보되어 바닥을 청소하기 쉽다.

텔레비전 받침대, 개와 고양이의 물그릇과 청소
용품 등 물건을 바닥에 두지 않으려 고민해 탄생
한 공간. 매일 청소기를 돌려도 무리가 없다. 청소
기는 무선 제품을 애용.

주방과 거실을 분리하지 않은 널찍한
원룸 형태로, 천장이 높은 데다 창문
도 커서 햇빛이 쏟아져 들어온다.

이불로 만든 소파에서 다 같이

소파를 두툼한 이불과 쿠션으로 대체하여 개, 고양이와 함께 뒹굴뒹굴할 수 있게 만들었다. 높은 소파를 뛰어오를 필요가 없어서 아이들도 편해졌다. 이불 커버는 즉시 세탁이 가능한 재질이라 깨끗이 유지하기 수월하다.

임신을 계기로 청소하기 쉽게 바꾸었어요

부부의 베개 옆에는
수제 고양이 방석

통째로 세탁 가능한 수제 고양이 방석. 침대는 목제 프레임이라 제습 시트를 깔아 두었다.

고양이 털은 돌돌이와
반영구 돌돌이로

고양이 털이 잘 붙는 천 제품은 그때그때 돌돌이와 반영구 돌돌이로 털을 제거한 뒤 세탁한다.

취재 당시에는 이사 전부터 함께하고 있는 치와와 로쿠로마루, 뒷다리 하나와 앞다리 끝부분을 잃은 치즈태비 무네치카, 애니멀 호더에게서 구출된 노르웨이숲 고양이 우로하 그리고 부부 두 사람뿐이었어요. 그 이후 아이가 태어나서 현재는 세 마리와 세 사람이 함께 생활하고 있습니다.

"지금도 인테리어를 조금씩 바꾸는 중이에요. 전에는 소파가 있었는데 지금은 치웠습니다. 강아지, 고양이와 함께 뒹굴뒹굴할 수 있도록 이불을 소파 형태로 만들어서 대체했어요."

원래는 너저분한 방에서도 잘만 지내는 '덤덤이'라는 가쓰오부시 씨. 임신을 계기로 깨끗한 환경을 위해 일주일에 3회 이상 청소기를 돌리기로 마음먹었다고 해요. 그래서 바닥에 두는 물건을 최소화하여 청소하기 쉬운 환경을 만들었다고 합니다.

집 대들보에 직접 만든 선반을 매달며 벽을 적극 활용했어요. 바닥에 놓는 가구가 적어서 청소하기 편한 집이 되었습니다.

DIY와 어울리는 시원시원한 인테리어

강아지 발 닦이용 발판이며, 고양이 스크래처 등 개와 고양이를 위한 물건도 다수 DIY로 제작했습니다. 최근에 만든 물건은 발판과 선반 지지대, 나무판자를 로프로 연결하여 완성한 캣스텝과 캣워커.

"캣스텝은 선반 지지대를 벽에 부착한 다음 그 위에 발판을 금속 부품으로 고정해 만들었습니다. 캣워커는 대들보와 연결했고요. 나무판자 두께만 잘 맞추면 전동 드릴 하나로 뚝딱 만들 수 있어요. 저도 하루 만에 완성했답니다."
아래 사진의 작업 공간도 대부분 손수 꾸몄다는 가쓰오부시 씨. 'ㄷ'자형 작업대 맞은편 선반 아래쪽에 고양이 화장실이 들어가게끔 제작했고, 위쪽에는 사과 궤짝을 배치하여 나무 소재로 통일감을 주었습니다.

수제 캣스텝

선반 지지대에 발판을 금속 부품으로
고정하여 만든 캣스텝.

'ㄷ'자형 작업대가
있는 개인 작업 공
간. 개가 들어오지
못하도록 목제 안
전문을 설치했다.

천장 대들보와 연결되는 캣워커

캣스텝 사이를 잇는 캣워커도 직접 제작했다. 나무판자들을
로프로 연결한 다음 캣스텝 받침에 묶었다.

스크래처 공간

선반 지지대에 발판을 금속 부품으로
고정하여 만든 캣스텝.

주방 침입 방지망

전에는 고양이의 주방 출입을 막으려고
부분 개폐식 방지망을 설치했는데, 나
이가 들었는지 더 이상 고양이가 장난
을 치지 않아 제거했다.

애들이랑 뒹굴뒹굴할 때 제일 행복해요

원룸 형태인데도 공간이 널찍하게 느껴지는 것은 자질구레한 물건을 개나 고양이가 드나들지 않는 주방과 작업 공간에 몰아서 정리했기 때문입니다. 반려동물 식품도 주방 한구석에 정리해놓았어요. 결과적으로 개와 고양이가 자유롭게 돌아다닐 수 있는 공간이 넓어지면서 청소하기 쉽고 안락한 집이 된 것이지요.

"세탁 세제와 주방 세제는 사람이 쓰는 제품을 함께 사용하고, 살균은 소독제를 한번 뿌려서 끝냅니다. 개털, 고양이 털은 눈에 띄면 그때그때 돌돌이와 반영구 돌돌이로 떼는데…… 솔직히 말하면 털이 묻거나 말거나 우리 애들이랑 뒹굴뒹굴할 때가 제일 행복해요."
더없이 행복한 한때를 즐길 수 있는 공간 만들기는 앞으로도 계속될 것 같습니다.

고양이 사료는 주방 한구석에 설치한 수제 벽걸이 선반에서 바로 꺼낼 수 있게 보관한다. 개봉한 음식은 밀폐용기에.

가쓰오부시 님의

고양이 규칙

1

설거지는 중성세제로

고양이 식기를 설거지하는 수세미와 세제는 사람이 쓰는 제품을 함께 사용한다. 살균 차원에서 소독제도 뿌려준다.

2

반려동물 식탁 밑에도 공간 확보

물그릇은 벽에 나무판자를 부착하여 올려놓고, 밥그릇은 마침 고양이에게 알맞은 높이의 벽걸이 선반이 있어 그 끝에 올려놓았다. 둘 다 바닥에 두지 않아서 청소가 쉽다.

3

꺼내기 쉬운 용기에 보관

투명한 밀폐 용기는 내용물이 훤히 보여서 남은 양을 확인하기 쉽고, 인테리어 측면에서도 포인트가 된다. 플라스틱 통을 활용한 서랍은 서랍 크기에 맞춘 선반을 손수 제작했기에 더욱 빛이 나는 아이템!

4

화장실은 모래 종류를 달리해서 네 개

고양이가 다섯 마리였던 시기도 있어서 화장실을 네 개 설치했다. 현재는 두 마리라 두 개를 주로 사용. 벤토나이트 모래와 편백나무 우드 펠릿을 깔아 놓았다.

1 고양이에게 가장 중요한 청소는 무엇인가요?

더럽고 냄새나는 화장실은 고양이에게 스트레스를 준다

청소의 기준이나 방식은 사람마다 제각각입니다. 하지만 "청소를 하는 목적은 무엇인가?"를 묻는다면 "위생을 유지하는 것"이라고 할 수 있겠지요. 또는 병균과 바이러스로부터 몸을 보호하기 위해서이기도 해요. 그래서 수의사인 야마모토 소신 선생님께 고양이에게 꼭 필요한 청소법을 물었습니다.

"고양이 털은 단백질로 이루어져 있어요. 고양이 털 알레르기가 아니라면 털이 사람 입속에 들어가도 문제가 되는

일은 드물어요. 핵심은 화장실 청소입니다. 고양이는 청결한 환경을 좋아하기 때문에 화장실이 더러우면 스트레스를 받거든요. 실제로 냄새나는 화장실을 기피한다는 연구 결과도 있으므로 고양이 모래는 최소 월 1회 전부 교체해 주셔야 해요. 거름망 화장실을 쓰실 경우, 바닥 부분에 변이 남아 있어도 냄새가 나니까, 신경 써서 관리해야 하지요. 특히 토사물과 설사에는 병원체가 있을지 모르니 그때그때 소독하는 편이 안전합니다."

POINT

1 고양이는 화장실이 더러우면 스트레스를 받아요.

2 고양이 모래는 최소 월 1회 전부 교체해야 해요.

3 토사물과 설사에는 병균이 있을지 모르니 감염에 주의하기!

답변해 주신 분은…

야마모토 소신 선생님

고양이 전문병원 <도쿄 캣 스페셜리스트> 원장. 초등학생 시절에 새끼 고양이를 구조한 것을 계기로 수의사의 꿈을 키웠다. 도쿄의 <슈슈 캣 클리닉>에서 부원장으로 근무한 뒤, 뉴욕의 고양이 전문병원 <맨해튼 캣 스페셜리스트>에서 약 1년간 연수를 받았다. 세계고양이수의사회(ISFM) 소속. 고양이 전문병원의 고양이 블로그 <네코피디아> http://nekopedia.jp/

2 고양이가 싫어하는 청소법, 조심해야 하는 청소법도 있나요?

고양이와 인간의 감각은 다르다

좋아할 줄 알고 한 일이 고양이에게는 스트레스가 되기도 해요. 선생님의 답변을 들어볼까요?

"향기에 주의하세요. 고양이는 감귤 계통의 향을 싫어합니다. 감귤 향기가 나는 세제는 피해 주세요. 아로마 오일에 대한 질문도 종종 받는데, 고양이에게 해로운 종류가 있긴 합니다. 하지만 농도를 조절한 소량이라면 대부분 사용 가능해요. 그래도 고양이 간 손상과 중독에 관한 연구 결과가 있으니, 전문가의 도움을 받지 않는 이상 아로마 오일은 웬만하면 피하는 게 좋다고 생각합니다."

POINT

1 감귤 계통의 향기는 피해요.

2 큰 소리에 스트레스를 받는 고양이도 있어요.

3 몸 비비기는 고양이의 본능! 냄새를 지나치게 제거하는 것도 바람직하지 않아요.

설거지 수세미는 사람과 같이 사용해도 괜찮을까요?

"기본적으로는 따로 사용하는 편이 낫습니다. 고양이의 입속이나 침에 존재하는 균 가운데 사람에게 전염될 가능성을 가진 균이 있어서요. 세제는 같이 사용해도 문제없습니다."

또 주의할 점은 없나요?

"고양이가 집 기둥이나 벽 모서리에 몸을 비비면 그 부분이 검게 얼룩지는데요, 이것은 고양이의 피지 얼룩입니다. 몸 비비기는 냄새를 묻혀 마킹하는 행동이기 때문에 얼룩을 바로 제거하면 고양이에게 스트레스를 줄 수도 있습니다. 그리고 청소기에서 발생하는 큰 소리에 스트레스를 받는 고양이도 있어요. 고양이마다 성격이 달라서 일반화할 수는 없지만, 소리가 무서워서 꼭꼭 숨어 버리거나 심하면 소변을 보는 아이도 있답니다."

우리는 무심코 인간의 기준에 맞춰 고양이를 바라볼 때가 있어요. 고양이의 기본적인 습성을 이해하려 노력해야겠지요?

2

고양이 털에 시달리지 않는 청소와 세탁

고양이 털이 붙은 천 제품은 먼저 돌돌이 또는 반영구 돌돌이로 털을 떼고 나서 세탁해요.

청소법보다 중요한 건 예방법! 털에 덜 시달리기 위해선 고양이 빗질을 부지런히 해줘야 합니다.

야노네 집에서는 이렇게 합니다!

고양이 털 대책
아이디어

크게 신경 쓰지 않는 것이 최고겠지만,
그래도 신경이 쓰인다면 후다닥!

아이디어 **1**

고양이 빗질은 욕실에서

털 빠짐 방지책으로는 부지런한 빗질을 추천해요. 죽은 털을 미리미리 제거해 주면 털 날림을 예방할 수 있어요. 하지만 빗질을 하기 시작하면 고양이 털이 풀풀 날리므로 되도록 욕실에서 빗겨 주는 습관을 기르는 게 좋아요.

욕실에서는 흐르는 물로 고양이 털을 한데 모을 수 있어서 편합니다.

매일 해줘도 이만큼씩 빠져요!

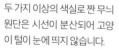

고양이 털이 두드러지지 않는 '무늬 원단'

두 가지 이상의 색실로 짠 무늬 원단은 시선이 분산되어 고양이 털이 눈에 띄지 않습니다.

고양이 털이 두드러지는 '짙은 단색 원단'

당연한 말이지만 고양이 털이 가장 잘 보이는 천은 '짙은 단색의 민무늬 원단'입니다.

색깔이 다른 여러 가닥의 실을 꼬아서 만든 목사 소재의 원단도 고양이 털이 눈에 띄지 않아요.

고양이 털이 두드러지지 않는 목사 원단

야노의 목사 스웨터

아이디어 **2**

고양이 털이 두드러지지 않는 소재를 알아 둔다

옷에 고양이 털이 좀 묻는다고 해가 되는 건 아니지만 털이 두드러져 보이면 아무래도 신경이 쓰이지요. 야노네 집에서는 옷이건 인테리어용 천 제품이건 최대한 고양이 털이 두드러지지 않는 소재를 선택합니다.

아이디어 **3**

구석구석 내려앉은 털은
틈새용 자루걸레와 핸디형 청소기로

옛날에는 먼지를 '털어서' 청소했지만 요즘은 '흡착하거나 빨아들이는' 방식이 단연 대세지요! 야노네 집에서 애용하고 또 추천하는 고양이 털 청소 도구는 틈새용 자루걸레와 핸디형 청소기 두 가지입니다.

손이 닿기 어려운 곳에는
틈새용 자루걸레

제가 쓰는 건 핸디형 자루걸레인데 신축 타입이라 가구 뒷부분이나 에어컨 윗부분까지 손쉽게 청소할 수 있습니다. 물세탁도 가능해서 편리해요!

틈새 먼지를 쓱쓱

에어컨 윗부분도
편하게

좁은 곳에는 핸디형 청소기

책장에 꽂힌 책 주변, 컴퓨터 키보드, 창틀 틈새처럼 좁은 곳은 브러시 탈착이 가능한 핸디형 청소기가 단연 최고예요.

금세 지저분해지는
키보드도

창틀 틈새에 쌓인
먼지를 쏙쏙

고양이 흔적이 그대로!

소파에 붙은 고양이 털은
물을 뿌리고 손으로 제거

소파에 붙은 고양이 털 청소는 돌돌이로 제거하는 방법과 물을 뿌린 뒤 손으로 제거하는 방법을 비교해 봤습니다. 과연 그 결과는? 물을 뿌려서 제거하는 방법이 더 편하고 효과적이었어요!

돌돌이만 써서 제거하면
테이프가 여섯 장이나······

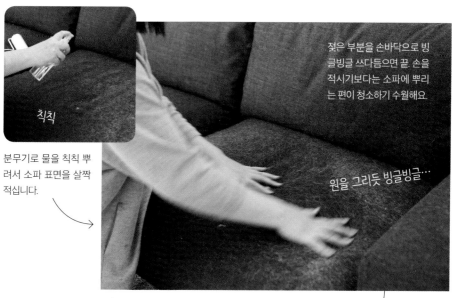

젖은 부분을 손바닥으로 빙글빙글 쓰다듬으면 끝 손을 적시기보다는 소파에 뿌리는 편이 청소하기 수월해요.

칙칙

원을 그리듯 빙글빙글…

분무기로 물을 칙칙 뿌려서 소파 표면을 살짝 적십니다.

마무리 청소에
사용하면
두 장으로 충분!

마무리로!

칙칙 뿌리고, 빙글빙글 쓰다듬기를 반복하면 털이 뭉쳐서 떨어집니다.

외출하기 전, 옷에 묻은 고양이 털을 떼고 나가려고 돌돌이를 현관에 놔두었어요. 외출준비용이라 소형 제품을 비치했습니다.

아이디어 5

집 안 곳곳에 돌돌이를 비치

청소가 귀찮아지는 이유는 마음 먹은 순간에 청소 도구가 손닿는 곳에 없어서일지도 몰라요. 동선에 맞춰 돌돌이를 놔두었더니 바로바로 청소하게 되더라고요.

소파 옆에 돌돌이와 반영구 돌돌이 숨기기

소파 옆에는 돌돌이와 반영구 돌돌이를 비치해 두었습니다. 방에서 보면 사각지대인 위치에 은밀히 숨겨 놓았지요.

옷장에는 정전기 방지 스프레이와 살균 스프레이까지

옷에 묻은 고양이 털을 제거하는 중간 크기의 돌돌이. 털은 덜 붙지만 정전기가 심한 폴리에스테르 계열 소재의 옷을 즐겨 입는지라 정전기 방지 스프레이와 살균 스프레이까지 함께 넣어 두었습니다.

아이디어 6

고양이 털 제거에 탁월한 반영구 돌돌이

손잡이가 달린 브러시로 털을 긁어모아 내부에 수납하는 구조여서 털 버리기도 간단한 반영구 돌돌이. 카펫이나 러그에 달라붙은 고양이 털을 놀랍도록 잘 제거하는 데다 반영구 제품이라 가성비가 우수한 청소 도구예요.

앞뒤로 가볍게 움직이면 브러시에 고양이 털이 잔뜩! 러그나 카펫에 달라붙은 고양이 털이 내부에 착착 모입니다.

우와, 고양이 털이 예상보다 더 많이 붙었네요!

손잡이의 버튼을 누르면 뚜껑이 열려서 털을 끄집어낼 수 있는 구조.

시마우치 노리코 님

털 묻은 빨랫감은 손빨래하고 나서 세탁기에

시로

데이지

고양이 하나+개 하나+사람 넷(부부+아이)

18년 전, 수의사 친구가 구조한 새끼 고양이 두 마리를 2년간 보살핀 뒤 여동생 집으로 보냈다. 11년 후 동생에게 사정이 생겨 다시 돌아오게 된 고양이들과 함께 살다가, 2년 전에 한 아이가 무지개다리를 건넜다. 시로는 현재 18살.

인스타그램 @atelier_ensemble
아틀리에앙상블 홈페이지
http://www.atelier-ensemble.net/

내키는 대로 받아들이는 친환경 생활

주거공간 및 상점의 설계부터 시공까지, 전 과정을 직접 진행하는 〈아틀리에 앙상블〉의 운영자 시마우치 씨 부부. 부부의 슬하에는 초등학생과 고등학생인 두 아들 그리고 18살 고양이 시로, 9살 미니어처슈나우저 데이지가 있습니다. 네 사람과 두 마리가 한 가족이지요.

"시로는 수의사인 친구에게서 데려온 고양이예요. 구조된 새끼 고양이 두 마리를 일단 저희 집에서 입양해 보살피다가 2년 뒤 여동생 집으로 보냈는데, 11년 뒤 저희 품으로 되돌아오게 됐습니다. 한 아이는 2년 전에 무지개다리를 건넜고…… 시로와 함께 생활한 지는 5년 차입니다. 시로는 사람 나이로 치면 88세 정도랍니다."

시마우치 씨네 집은 오래된 건물을 리모델링한 단독주택입니다. 리모델링할 당시에는 집에 개와 고양이가 없었던지라, 내장공사와 수납공간을 강아지, 고

고양이 털을 말끔히 제거하는 친환경 세탁법

돌돌이로 고양이 털을 제거하기

고양이 방석이나 침대에서 나온 빨랫감은 세탁하기 전에 돌돌이로 최대한 털을 제거한다.

천연 세제를 선호해서 세스퀴탄산소다, 구연산, 산소계 표백제, 비누 등을 조합해 사용한다.

세스퀴탄산소다와 구연산을 준비

깊은 대야에 물을 채우고, 세스퀴탄산소다와 구연산을 한 스푼(약 20㏄)씩 넣는다. 빨랫감이 너무 더러울 때는 산소계 표백제를 한 스푼 추가한다.

세제를 잘 풀어주기

세제는 거품기로 휘휘 저으면 잘 녹는다. 이때 미지근한 물에 풀면 더 잘 풀린다.

양이가 있다는 전제로 설계하지 않은 게 후회된다는 시마우치 씨. 인테리어 시공의 프로답게 개와 고양이를 위한 방취, 방습을 고려한다면 탈취 효과가 있는 회반죽 벽이나 규조토를 추천한다는 조언을 덧붙였습니다. 시마우치 씨가 바닥재로 선택한 파인 목재도 고양이가 걷기 편한 소재라고 하네요.

친환경 생활을 선호하는 시마우치 씨는 최대한 화학제품을 사용하지 않습니다. 고양이의 방석 세탁에는 세스퀴탄산소다, 구연산, 산소계 표백제, 비누를 조합해서 사용해요.

"원체 청소에 서툴러서 온갖 여성 잡지나 생활협동조합, 문화센터의 살림 선배들에게 다양한 친환경 청소법을 배웠어요. 미니멀리스트나 심플라이프를 지향하는 건 아니고, 그냥 마음에 드는 것만 내키는 대로 받아들이는 고양이 같은 생활을 하고 있습니다."

가볍게 헹구어 불리기

빨랫감을 대야에 넣었다면 손바닥으로 지그시 눌렀다가 떼기를 반복하여 고양이 털을 띄운 뒤 그대로 담가 두었다가 세탁기에 돌린다.

세탁한 뒤에
햇빛을 드듬뿍

산 위에 자리한 시마우치 씨 집에는 초록빛으로 둘러싸인 넓은 정원이 있다. 맑은 날, 정원 의자에 빨래를 널어놓고 차를 마시면 그새 빨래가 거의 다 마른다.

고양이 털이
많은 날은 청소기로

우선 청소기를 돌린 뒤 걸레질한다. 좁은 장소는 무선 청소기를 사용한다.

항균 스프레이

아로마 테라피 교육원에서 판매하는 항균 허브워터와 탈취 스프레이를 애용.

파인 목재 바닥은 걸레질이 즐겁다

걸레질하기 쉽도록 웬만하면 바닥에 물건을 두지 않는다. 왁스도 굳이 칠하지 않고, 자연스러운 질감을 즐긴다.

그때그때 빗자루로
쓱쓱 청소하기

청소 도구를 좋아한다는 시마우치 씨는 빗자루, 청소기, 걸레를 용도별로 사용하며 청소를 즐긴다. 청소기를 돌리기 전에 빗자루로 쓱쓱 치울 때도 있다.

동물이 행복하면 사람도 행복하니까!

개와 고양이가 편안하게 지낼 수 있도록 바닥에 물건을 두지 않고, 고양이 털은 빗자루로 얼른 치우기도 합니다.

"빗자루에 고양이 털이 달라붙으니까요, 그걸 청소기로 빨아들이면 청소할 때 털이 날리지 않아 좋습니다. 그다음, 물걸레질을 하면 마음까지 상쾌해요."

청소는 의욕을 북돋우는 것이 중요해서 다양한 청소 도구를 용도별로 사용한다고 해요. 나아가 드립커피 찌꺼기로 탈취제를 만든다거나 박하유(페퍼민트 오일)로 방충제를 대신한다거나 섬유유연제 사용을 그만두는 등 다른 동물을 생각하는 친환경 생활은 결국 우리에게도 행복을 가져다줍니다.

"내키는 대로 자유롭게 사는 두 마리를 보고 있으면 '자기다운 삶'에 대해 생각하게 되더라고요. 고양이처럼 있는 그대로 꾸밈없이 살고 싶습니다."

주방 쪽에서 거실을 바라본 풍경.
테라스에서 햇볕과 바람이 가득 들어와 기분이 좋다.

시마우치 님의
고양이 규칙

1

**반려동물 식기와
사람 식기는 분리해서 설거지**

싱크대 설거지통이 두 칸이라 작은 쪽을 반려동
물 식기 설거지용으로 쓴다. 세제는 공용 제품을
사용하고 수세미는 따로 사용한다.

2

고양이 식기는 스테인리스 소재로

고양이 밥그릇과 물그릇은 빨리 알아챌 수 있도
록 더러움이 잘 드러나는 스테인리스 식기를 쓴
다. 강아지는 바깥에서, 고양이는 실내에서 밥을
먹게끔 둘의 식사 공간을 분리했다.

3

사료 통에는 건조제를 넉넉히 넣는다

사료 보관 용기에는 드라잉블록(흡습성이 뛰어난 규
조토 제습제)과 실리카겔 등 건조제도 함께 넣는다.

4

**주방 한쪽에 고양이 밥그릇과
화장실 공간을 확보**

스테인리스 쟁반에 고양이 밥그릇
과 물그릇을 올려놓았다. 문 옆에
는 고양이 화장실, 문 앞쪽에 사람
용 화장실이 있어 청소하기 쉽다. 고
양이 관련 물품은 중간에 둔 등나무
바구니에 전부 보관한다.

실론티와 약효가 있는 허브티,
유기농 콜롬비아 커피 등을 판매한다.

방문했어요!
고양이 보호 카페를
청소가 한창인 고풍스러운

걸어서 3분 거리

Cat Café

Cat Café
가마쿠라네코노마

가마쿠라 대불로 유명한 고토
쿠인 사원 인근의 고양이 보
호 카페. 조용한 산속 주택가
에 있는 고풍스러운 독채 건
물이 근사하다. 곳곳에서 구
조된 고양이들을 보통 열 마
리 이상 보호하고 있으며, 입
양 센터의 역할도 한다.

냄새 대책은 다른 사람과 마찬가지

가마쿠라를 관광하러 온 애묘인들도 종
종 방문한다는 고양이 보호 카페 〈가마
쿠라네코노마〉. 언제나 열 마리 이상의
고양이를 보호하고 있는 이곳에서는
어떤 방법으로 청소를 할까요?
"사실 특별한 방법은 없어요"라고 대답
한 카페 대표 나가타 구미코 씨. "바닥

가장 먼저 하는 일은 2층 바닥과 러그 전체를 무선 청소기로 돌리기! 고양이들도 이미 청소기에 익숙해진 모양이다.

고양이 방석은 돌돌이로

생후 2개월부터 성묘까지 다양한 나이대 고양이가 열 마리 이상 생활하는지라 방석 종류도 각지각색. 돌돌이로 하나하나 정성껏 고양이 털을 제거한다.

1층 화장실 주변도 청소기로

2층→계단→1층 화장실 공간 순으로 단숨에 청소기를 돌린다. 무선 청소기는 이동이 수월한 데다 흡입구가 단순해서 사용이 편리하다.

탈취제를 뿌린 뒤 걸레질

청소기와 돌돌이로 고양이 털을 치웠다면 바닥에 탈취제를 분무한 뒤 걸레질한다. 냄새의 근원이 되는 분변이 혹시 바닥에 묻어 있지 않은지 확인.

에 깔린 러그를 탈탈 턴 다음 청소기를 돌리고, 쿠션 종류는 돌돌이로 털을 제거합니다. 바닥을 닦을 때는 반려동물 전용 탈취제를 뿌리고 나서 걸레질하고요. 알코올 살균 스프레이와 향균 허브워터는 필수품이에요. 이제 막 카페에 들어온 아이는 스트레스로 배변 실수를 하거나 구토하는 경우가 잦거든요. 마릿수가 많은 만큼 냄새와 세균 번식에는 각별히 주의하고 있습니다."

차 마시는 곳은 2층, 고양이 화장실은 1층으로 공간을 구분해놓기도 했지만 카페 어디에서도 냄새는 나지 않았습니다. 깨끗한 공간에 만족하는 듯, 고양이들도 즐겁게 손님과 장난을 치고 있었어요.

3

냄새나지 않는
깨끗한 고양이 화장실

고양이 화장실은
대체로 집 안에 있습니다.
청소를 게을리했다가는
고양이 건강에도 좋지않고
무엇보다 코를 찌르는 냄새가…….
고약한 냄새가 퍼지기 전에
재깍재깍 청소하는 방법을
생각해 봤어요.

야노네 집에서는 이렇게 합니다!

고양이 화장실 청소 아이디어

편리한 청소 도구를 찾으면
청소가 쉬워진다!

고양이 화장실은 눈에 보이고
환기가 되는 장소에

고양이의 화장실 위치를 결정하는 포인트는 세 가지예요.
①고양이가 안정감을 느끼는 장소
②사람이 관찰하기 쉬운 장소
③환기할 수 있는 장소
야노네 집은 탁 트인 형태라 훤히 보이는 장소에 고양이 화장실을 놔두었어요.

바람이 통하는 창가에

공개된 장소에 놔둔 고양이 화장실. 원래는 더 구석진 곳에 있었는데, 고양이가 방광염에 걸리고 나서부터 증상을 빨리 알아채기 위해 이곳으로 화장실을 옮겼습니다. 바로 옆에 조그만 창문이 있어 환기하기 좋고, 고양이가 화장실을 쓰는 모습이 잘 보여서 건강 체크도 쉬워요.

근처에 공기청정기를 설치

고양이 화장실의 대각선 맞은편에 공기청정기를 설치하여 창문과 함께 이중으로 탈취해요. 특히 벤토나이트 모래를 사용하는 고양이라면 용변 후 날리는 모래 먼지도 어느 정도 잡을 수 있어요.

고양이 화장실 냄새를 잡는 방취 봉지

고양이 화장실을 청소할 때 애용하는 방취防臭 봉지. 고양이의 대소변 악취를 최대한 억제해줄 뿐 아니라, 봉지를 뒤집어서 손에 끼운 상태로 분변을 주우면 화장실 삽을 더럽히지 않고 그대로 버릴 수 있어 편리해요.

이렇게 묶어서 버려요!

오른쪽 봉지는 거름망 화장실용 배변 패드를 담은 상태. 꽉 묶으면 냄새가 거의 차단되어 쓰레기통을 열었을 때 나는 냄새도 해결!

200매짜리 고양이용 방취 봉지 제품

배설물은 개별 쓰레기통을 활용하여 집 바깥이나 베란다에

분변이나 배변 패드를 담은 방취 봉지는 개별 쓰레기통에 버립니다. 방취 봉지를 써도 혹시 모를 냄새에 대비해, 따로 실외에 고양이용 쓰레기통을 두었어요. 특히 일반 비닐봉지를 사용한다면 실외에 두는 것을 추천해요!

제가 쓰는 건 뚜껑 달린 쓰레기통인데, 실외용 제품은 아니어서 테두리가 녹스는 것을 감안하고 사용 중입니다. 튼튼해서 다행이에요.

아이디어 4

고양이 화장실은 다달이 전체 세척

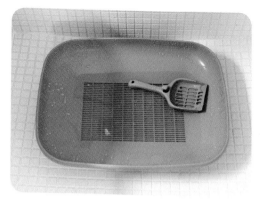

고양이 화장실 겉면은 매일 걸레로 닦고, 월 1회 욕실에서 전체 세척을 합니다. 비눗물에 담가 두었다가(불림 세척) 청소용 수세미에 보디워시를 묻혀 닦아요. 거름망은 치간칫솔로 닦아 내고, 마무리로 살균제를 뿌리면 세척이 끝납니다.

눌어붙은 모래의 경우 배변 패드 트레이에 거름망을 포개서 불립니다.

배변 패드 트레이에
겹쳐서 불림 세척

흠집이 남지 않도록
수세미의 부드러운 면을 사용

플라스틱으로 된 화장실에 흠집이 생기면 그 틈에 잡균이 침투해요. 수세미의 거친 면은 사용하지 않고, 부드러운 면으로 문지릅니다.

거름망에 낀 분변 제거에는 고무 치간칫솔을 사용. 치간칫솔이나 수세미는 거의 일회용품이라 최대한 저렴하게 구입해요.

물기를 닦은 뒤 마무리로 살균 스프레이를 뿌리면 전체 세척 완료.

이토 미카요 님

고양이 화장실
청소용품은
한곳에

소라

쿠타

고양이 둘+사람 둘(부부)

고양이를 사랑하는 시어머니가 직장 근처에서 돌보던 길고양이가 있었는데, 그 애의 새끼가 쿠타예요. 그리고 3년 뒤 입양 행사에서 소라를 맞이했어요. 지금은 사이좋은 2인 2묘 가족입니다.

인스타그램 @ito_mikayo
http://mikayo-ito.jugem.jp/

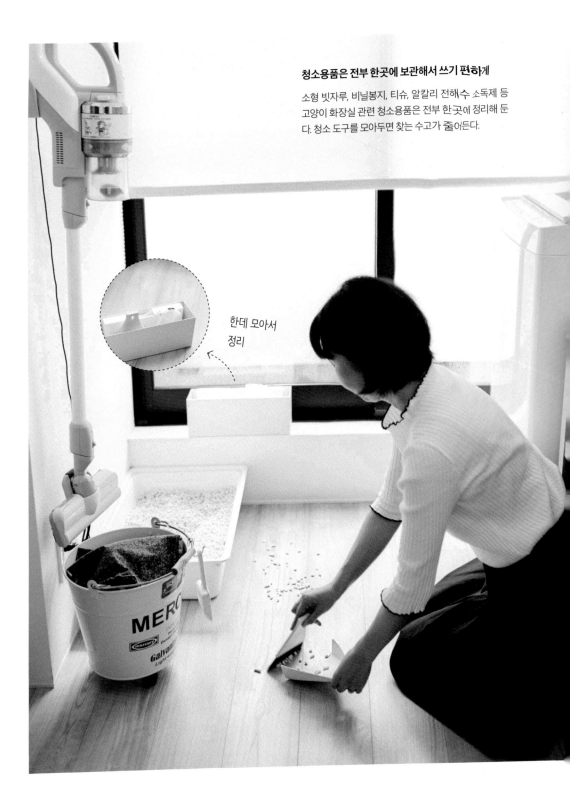

청소용품은 전부 한곳에 보관해서 쓰기 편하게

소형 빗자루, 비닐봉지, 티슈, 알칼리 전해수 소독제 등
고양이 화장실 관련 청소용품은 전부 한곳에 정리해 둔
다. 청소 도구를 모아두면 찾는 수고가 줄어든다.

한데 모아서
정리

흰 바닥이라 항상 깨끗하게끔 신경 써요

정리·수납·조명 상담가로 활동 중인 이토 미카요 씨. 2년 전, 40년 된 친정집을 2세대 주택으로 재건축했습니다. 그곳에서 부부 두 사람과 검정고양이 쿠타(9살), 회색 흰색이 섞인 소라(6살) 두 마리가 함께 생활하고 있지요.

"화장실 면적을 넓히고, 입구에서는 보이지 않는 창가 한구석에 고양이 화장실 공간을 만들었어요. 청소용품도 한곳에 정리했고요. 청소기도 여기 둡니다. 세면대하고 가까워서 얼마나 청소하기 편한지 몰라요. 대성공이에요! 창문이 있는 밝은 공간이라 항상 깨끗했으면 좋겠다는 생각이 들어요."

바닥이 희고 환하다 보니 모래나 고양이 털이 눈에 확 띄어서 곧장 청소하고 싶은 마음이 든다고 해요.

화장실 바닥은 돌돌이로 모래까지 청소

전체적인 바닥 청소에는 무선 청소기와 로봇 청소기를 사용하고, 신경 쓰이는 부분은 그때그때 돌돌이로 치운다. 고양이 화장실 주변에 떨어진 잔모래도 소량이라면 돌돌이로.

이동거리는 최소한
효율은 최대한

**고양이 모래에
남은 세균까지 확실하게!**

플라스틱 1단 서랍에 종이 모래를 깔아 고양이 화장실로 만들었다. 먼저 배설물을 비닐봉지에 담아 치우고, 소독제로 화장실과 바닥을 소독하면 청소 끝!

고양이 털이 좀 들어가더라도
일단 편리하게!

"남편은 어릴 적부터 늘 고양이가 한두 마리 있는 환경에서 생활했대요. 저는 강아지 파였는데, 시댁에 갈 때마다 고양이를 만나다 보니 어느새 제 입에서 고양이랑 살고 싶다는 이야기가 나오더라고요."

그러던 차에 타이밍 좋게 시어머니가 직장 근처에서 보살피던 길고양이의 새끼 (쿠타)를 구조하셨다고 해요. 쿠타와 생활한 지 3년 후, 형제가 있으면 쿠타도 즐거워할 것 같아 고양이 한 마리를 더 입양하기로 했고 동물 보호 센터에서 소라를 만났다고 합니다.

"아이들이 오고 나서 집 재건축을 시작했기 때문에 캣워커며 고양이 은신처까지 미리 설계할 수 있었어요. 개방된 수납장소도 많이 늘렸습니다. 뭘 어떻게 해도 어차피 고양이 털은 들어가니까, 털을 신경 쓰기보단 편리함을 우선하기

가구와 물건이 적어 심플한 거실. 등받이 없는 의자는 고양이들을 위한 좌석이다. 바닥재는 더러움이 눈에 잘 띄도록 일부러 흰색으로 골랐다.

로 했지요."

사실 청소를 싫어한다는 이토 씨가 추천하는 청소법은 '겸사겸사 청소하기'입니다.

"청소에는 소질이 없어요. 청소할 마음이 들었을 때 어떻게든 해치우려고 돌돌이, 손걸레, 작은 빗자루를 여기저기 놔뒀을 정도입니다. 최대한 편하게 청소하려다 보니 움직인 김에 조금씩 치우게 된 거예요. 그래야 일거리가 쌓이지 않더라고요. 부담도 적고요."

현관에서 화장실로 가는 길 중간에 있는 옷장과 탈의실. 집으로 돌아오면 이곳에서 옷을 갈아입는다. 빨랫감은 바구니에 담고, 액세서리는 벽걸이 선반에 올려놓은 보관함에 넣는다.

바닥도 로봇 청소기로 편하게 청소

청소는 고양이와 살기 전부터 쭉 싫어했기 때문에 청소하기 쉬운 인테리어를 연구했다. 외출 시에는 로봇 청소기를 켜 놓고 나간다.

주방 뒤편에 있는 업무용 수납장. 서류가 담긴 종이 상자는 밑바닥에 펠트를 붙여 끌어내기 쉽게 만들었고, 고양이 사료가 담긴 나무 상자는 바퀴가 달려서 꺼내기 쉽다. 벽걸이 후크에는 양털 먼지떨이를 걸어 두었다.

쾌적하고 안락하군!

물건이 넘쳐나는 시대,
나에게 꼭 필요한지 체크

이토 씨에게 들은 정리·수납의 요령은 다음과 같습니다. ①정말 필요한지 확인한다. ②물건을 어디에 둘지 결정한다. ③처분할 때를 생각해서 구입한다. 버리는 데도 에너지가 필요하다는 점을 헤아리면 생활이 점점 심플해진다고 해요.

"과연 그 물건이 지금 자신에게 플러스가 되고 있는지 한번 생각해 보세요. 물건은 사용되어야 가치가 있습니다. 자주 쓰는 물건만 곁에 두면 쓸데없는 물건들을 정리할 필요도 없어져요."

창가에 좌석(윈도우 시트)을 만들고, 윗부분을 캣워커로 활용. 캣워커는 고양이 터널을 통해 거실로 이어진다.

거실 벽 한쪽이 베란다와 연결된 큰 창문이라 여기에도 윈도우 시트를 만들었다. 윗부분은 고양이가 드러누울 수 있을 정도로 폭이 넓은 캣워커.

이토 님의
고양이 규칙

1

집 곳곳에 청소 도구를 비치

서랍장 위도 고양이가 쉬는 공간이라 즉시 고양이 털을 청소할 수 있도록 옆 바구니에 핸디 자루 걸레와 돌돌이를 넣어 두었다.

2

한데 포개지는 수제 식탁

'ㄷ'자형으로 제작한 이중 식탁. 큰 식탁 밑에 작은 식탁을 겹쳐 놓고, 두 마리가 나란히 식사할 때 꺼내서 길이를 연장한다. 작은 식탁 밑에도 청소용 물티슈를 숨겨 두었다.

윈도우 시트 밑 고양이의 은신처

윈도우 시트 밑에도 고양이가 숨을 수 있는 공간을 마련했다. 가구와 물건이 적기 때문에 이런 공간이 고양이에게는 반가운 은신처가 된다.

3

동선 확보가 쉬운 아일랜드 키친

공간이 탁 트여 있으면 먼지나 고양이 털이 쌓이기 어렵다. 고양이가 올라와도 상관없도록 아일랜드 식탁 위에는 가능한 한 물건을 두지 않는다. 식탁 옆에 고양이 식사 장소를 만들어놓았다.

4

고양이를 위해 사용하는 살균·탈취 제품

고양이 식기를 설거지할 때, 고양이 화장실에서 나는 냄새를 없앨 때, 고양이가 토한 자리를 소독할 때 필요한 살균·탈취 제품. 어느 것을 골라야 할지 몰라 답답한 면이 있지요. 그래서 『고양이가 좋아하는 청소 정리』 편집부가 직접 집사들에게 들은 제품

과 천연 탈취제 만드는 방법을 소개합니다. 단, 우리 고양이에게 맞는지 또 사용하기 편한지는 직접 확인해 주세요.

안심하고 사용하는 차아염소산
메디록스-P 살균 소독제

고양이의 질병 예방을 위해 모든 표면을 살균·소독할 수 있는 제품. 뿌리면 30초 안에 결핵균까지 99.9% 살균 가능해요. 식품첨가물로 등록된 성분이니 직접 닿아도 안심할 수 있어요.

미네랄로 만든 무자극 탈취제
이지세이프펫 반려동물 주변 탈취제

화학 성분 없는 무향·무독 제품으로 고양이도 안심! 물 속의 미네랄 이온이 오염물질을 안전한 물과 이산화탄소로 환원시켜 냄새의 원인까지 제거합니다.

천연 유래 성분으로 안전하게
펫쉴드 99 항균·탈취 스프레이

천연 미네랄, 캣닙 농축액 등 천연 유래 원
료로 안전한 성분의 제품. 고양이 모래에 번
식하는 박테리아까지 99.9% 제균해줘요.
항균 지속력이 강한 것이 특징.

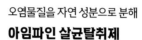

오염물질을 자연 성분으로 분해
아임파인 살균탈취제

염소계 소독제보다 2.5배 강한 산화력을 가
진 산소계 제품. 산화 작용 후 인체에 무해한
염화물(소금)과 산소만 방출하여 자연 분해
되는 친환경 원리를 사용했어요.

번거롭지만 경제적인 천연 탈취제
EM 쌀뜨물 발효액 탈취제

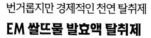

'EM 원액'은 유용 미생물군(Effective
Micro-organism), 즉 효모처럼 사람에
게 유용한 균을 자연에서 채취해 배양
한 용액입니다. EM 원액으로 천연 탈취
제를 만들어 볼까요?

① 2L짜리 페트병에 약 5cm의 공간을
남기고 쌀뜨물을 채워 주세요.
② 설탕 20g, 소금 5g과 시중에 파는
EM 원액 20mL를 넣고 뚜껑을 닫아 잘
흔들어요.

③ 페트병을 직사광선이 닿지 않는 곳
에 두고, 일주일 정도 발효시킵니다. 열
었을 때 시큼한 냄새가 올라오면 완성.
④ 이 발효액과 소독용 알코올을 9:1 비
율로 섞으면 천연 탈취제 만들기 끝!

만들어놓은 쌀뜨물 발효액은 최대 한
달 동안 사용할 수 있어요. 단, 옅은 레
몬색인 발효액 특성상 흰색 천에 뿌리
면 착색될 수 있으니 주의해야 합니다.

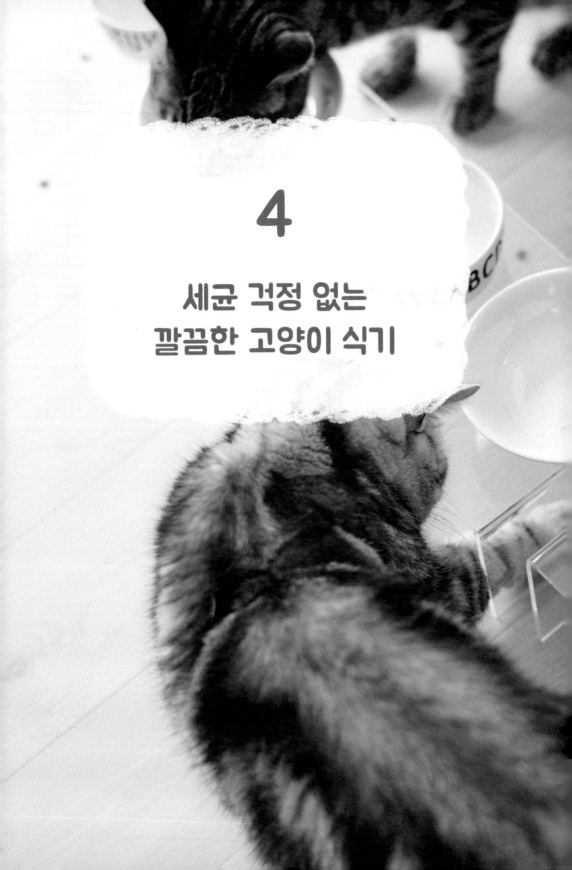

4

세균 걱정 없는
깔끔한 고양이 식기

고양이의 식기가 미끈미끈하면
'세균이 번식했나?' 하고
걱정이 될 때가 있어요.
고양이 입에 직접 닿는
물건인 만큼
위생과 건강을 위해
세심하게 신경 써야겠지요!

고양이
식기 관련

먹은 그대로 방치하지 않고,
고양이를 위해 그때그때 설거지!

아이디어 1

고양이 밥은 낮지 않은 식탁에, 그릇은 도자기로

야노네 집에는 그릇까지 씹어 드시는 먹보 고양이가 있답니다. 플라스틱 그릇은 깨물면 흠집이 생겨서 밥그릇으로는 도자기를 사용해요. 물그릇은 깨물지 않기 때문에 멜라민 그릇을 사용합니다. 식탁은 아크릴 선반 파티션입니다. 식탁으로 높이를 확보하여 먼지를 방지하고 있어요.

플라스틱 그릇은 흠집이 잘 생기고, 음식에 물들어서 색이 노래지기도 해요. 도자기는 세척이 간단하고 안전성도 좋지만, 깨지는 물건이라 가성비는 △. 그릇 모양은 고양이가 식사하기 편하도록 넓고 오목한 것을 고릅니다.

아이디어 2

밥그릇은 바로바로 설거지하고 소독제 뿌리기

고양이는 그릇을 핥으면서 식사하므로 바이오필름이 형성될 수밖에 없어요. 그러니 밥그릇은 식후에 바로바로 세제 없이 설거지하여 소독제를 뿌려줍니다.

그릇이 미끈미끈해지는 까닭은 고양이의 입속에 있는 잡균이 '바이오필름biofilm'이라는 막을 형성하기 때문이에요. 균이 번식하려면 영양분, 수분 그리고 온기가 필요한데 고양이 밥그릇은 그 조건을 모두 갖췄거든요. 그래서 설거지는 식후에 바로바로 합니다.

바이오필름(미생물막)이 여기에 잔뜩!

오목한 그릇을 쟁반에 받쳐
대용량 물그릇으로

집에 고양이가 네 마리나 있으니 대용량 물그릇을 상시 놓아두고 싶어서 시험 삼아 오목한 덮밥용 그릇을 사용해 봤습니다. 써 보니까 딱 좋더라고요! 묵직해서 안정감이 있고, 물도 많이 들어가서 마시기 편해 보입니다.

높이가 있으면 바닥의 먼지가 잘 들어가지 않고, 매끄러운 그릇은 설거지도 간편해요. 하지만 대용량이 아닌 별도의 물그릇은 고양이가 수염으로 수면과 그릇 가장자리를 식별할 수 있는 지름 15cm 미만인 것이 좋습니다.

우레탄 코팅은 미끄럼 방지에도 효과적

우레탄 코팅은 미끄럼 방지 효과도 있어서 고양이가 물을 마실 때 그릇이 움직이는 것을 막아 줍니다. 사람 물건도 크기가 맞으면 고양이용으로 쓸 수 있어요.

우레탄 코팅으로 곰팡이를 예방

고양이는 보통 물그릇 가장자리에 혀를 대고 물을 퍼 올리듯이 할짝할짝 마시니까 바깥으로 튀는 물의 양이 엄청나지요. 쟁반에 물이 스며들어 곰팡이가 피지 않도록 우레탄으로 코팅된 쟁반을 사용하고 있어요.

수세미는 사람 따로, 고양이 따로

"설거지 수세미는 사람용과 고양이용을 따로 구분해서 사용하시나요?"라는 질문을 모든 분들께 예외 없이 드렸는데, 양쪽 대답이 골고루 나왔어요. 수의사 선생님은 "중성세제는 같이 써도 되지만, 수세미는 따로 사용하는 편이 낫다"라고 하셨어요.

수세미 받침도 따로따로

야노네 집에서는 고양이 식기를 설거지할 때 세제 대신 소독제를 써서 고양이용 수세미도 세제로 빨지 않습니다. 한편 사람용 수세미는 세제를 묻혀 사용하기 때문에 받침대도 따로따로 사용해요.

사람용 수세미
세제는 중성세제를 씁니다.

고양이용 수세미
사람용 수세미와 헷갈리지 않게 다른 모양으로.

사료는 습기와
직사광선을 피해서 보관

사료 보관 시 주의해야 할 것은 습기와 직사광선이므로 냉장고용 쌀통에 사료를 담아 서늘한 곳에 보관합니다. 사료의 신선함을 유지하기 위해 소분 포장된 제품을 사서 한 봉지씩만 담습니다.

고양이 사료는 유분기가 많아 잘못 보관하면 산패되므로 산화 및 습기를 피하기 위해 온도 변화가 적고, 습도가 낮은 주방 수납장에 보관해요. 여기라면 고양이도 열지 못하지요!

산패 방지를 위해
한 봉지만 옮겨 담아요!

두 봉지까지 들어가지만, 제품을 뜯는 순간부터 신선도가 떨어지니 공간을 비워둡니다.

저희 집에서는 보관 용기에 따로 날짜를 표기해놓지 않아요. 하지만 여러 종류의 사료를 섞어 쓰고, 개봉일이 다르다면 겉면에 날짜를 쓰는 게 관리하기 좋습니다.

사료가 떨어지면 그 통은 씻어서 건조하고,
교체용 통에 새 사료를 담아 보관합니다. 매
번 이것을 반복하지요.

아이디어 6

보관 용기는
완전 건조를 위해 한 개 더

야노네 고양이 네 마리는 모두 똑
같은 사료를 먹기 때문에 보관 용
기가 하나만 있어도 충분합니다.
하지만 통을 씻어서 완전히 건조
하려고 교체용으로 하나를 더 들
였어요.

반려동물 식품은 인출식 수납공간에

통을 제대로 말리지 않고 사료를 담았다가는 습기
나 곰팡이가 생길지 모르니 보관 용기 두 개를 번갈
아 사용합니다. 습식사료는 틴 케이스에 보관해요.

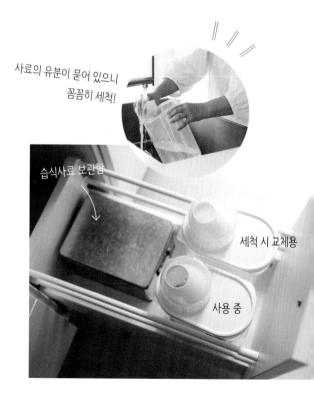

사료의 유분이 묻어 있으니
꼼꼼히 세척!

습식사료 보관함

세척 시 교체용

사용 중

아마이로 나기사 님

고양이가
들어와도
안전한
주방으로

캐리

고양이 하나+사람 셋(부부+아이)

반려견이 14살로 무지개다리를 건너 쓸
쓸해하던 중, 강아지와 처음 만났던 곳에
서 고양이 캐리를 만났다. 마치 강아지별
로 돌아간 아이가 맺어 준 인연처럼 느껴
져 소중히 생각하고 있다.

인스타그램 @yuutenji
https://yuutenji-112.amebaownd.com/

주방을 좋아하는 고양이가
마음껏 들어올 수 있도록

인테리어 상담가 아마이로 씨는 30년 된 2세대 주택을 약 2년에 걸쳐 조금씩 리모델링했습니다.

"저도 '고양이는 청소의 신'이라고 자주 이야기한답니다. 게다가 우리 캐리 아가 씨는 주방을 얼마나 좋아하는지 몰라요. 특히 싱크대에서 뒹굴뒹굴하는 걸 좋아하는데 가끔은 가스레인지에 묻은 기름을 핥기도 해서 고양이가 장난칠 만한 물건은 절대 바깥에 두지 않아요." 리모델링할 당시의 테마는 뉴욕풍 주방. 수납은 '숨기는' 스타일로 설거지 수세미까지 싱크대 아래에 보관할 만큼 물건을 철저하게 숨겨 놓았어요. 덕분에 고양이가 마음 놓고 들어올 수 있는 주방이 완성되었지요.

살균 스프레이
음식물이 잔뜩 묻어 있는 주방은 호기심 많은 고양이에겐 위험한 장소. 찌꺼기와 묵은 때는 살균제와 소독제로 닦아 낸다.

사료 저장고
시리얼 디스펜서에 사료를 보관한다. 핸들을 돌리면 매번 동일한 양이 나와서 편의성도 최고.

물건은
전부 숨기고
청소는
그때그때

싱크대를 좋아하는 고양이가 불쑥 올라가도 상관없도록 위험한 것은 전부 수납장 안에 보관하고, 고양이가 핥아도 문제없도록 더러워진 곳은 그때그때 닦는다. 그러다 보니 청소를 잘하게 되었다는 아마이로 씨.

가스레인지에 묻은 음식물을
고양이가 핥지 못하게

캐리가 주방에서 놀다가 가스레인지에 묻은
기름을 핥는 것을 보고 가스레인지를 쓰고 나
면 그때그때 깨끗하게 닦는 습관이 생겼다. 역
시 고양이는 청소의 신이다.

수세미는 개폐식 선반에 보관

싱크대에서 신나게 뒹굴다가 수세미를 물고
어딘가로 가져가는 캐리 때문에 수세미는 싱
크대 밑 선반에 보관한다.

고양이 식기는 설거지하기 전에 살균

고양이 밥그릇은 소독제를 먼저 뿌리고 설거지하
면 물로만 씻어도 금세 미끈거림이 사라진다.

뚜껑 달린 쓰레기통도
인출식 수납공간에 쏙

고양이가 장난치는 것을 방지하려면
뚜껑 달린 쓰레기통은 필수. 쓰레기
통을 아예 건들지 못하도록 싱크대
하부 장의 인출식 수납공간을 활용
한다.

떠난 반려견이 맺어준 소중한 인연

캣폴, 캣워커, 버티컬블라인드, 수납 선반까지 전부 흰색으로 통일한 집. 덕분에 사방이 탁 트인 것처럼 깨끗하고 세련된 공간이 완성되었지요. 먼지가 쌓일 만한 틈새는 줄이고, 고양이가 머무를 공간은 따로 만들어두었어요.

"고양이와 살게 된 계기는 14년간 함께한 반려견을 잃고 쓸쓸해서였어요. 종종 정원에 찾아오는 길고양이를 집에 들이고 싶었지만 생각처럼 되지 않았고, 우리 강아지와 처음 만났던 곳에서 우연히 캐리를 만나게 됐어요. 강아지가 맺어 준 인연이라고 생각해요."

고양이와 살아 보니 고양이는 개보다 더 종횡무진으로 집을 누비며 물건을 쓰러뜨리거나 물이 든 유리컵을 깨뜨리는 등 입체적인 사고를 친다고…… . 그래도 사랑스러운 고양이 덕에 아마이로 씨 가족은 웃음이 많아졌다고 해요.

여기가 좋아

넓은 폭의 창틀 공간을 활용해 만든 캣워커와 거실 한 편에 있는 캣폴이 연결되도록 만들었다. 캣워커 중간에 쉼터도 마련되어 있다.

소파 커버로 세탁을 간편하게

집을 리모델링하기 전부터 사용해 온 소파에 대형 천을 뒤집어씌워 커버로 사용했다. 커버는 세탁기로 빨면 그만이라 고양이 털이 묻어도 신경 쓰이지 않는다. 커버 덕분에 소파 아래도 고양이의 은신처가 되었다.

홈 카메라를 설치하여 부재중에도 안심

움직임에 반응하여 영상을 전송하는 홈 카메라를 두 군데 설치. 부재중에도 고양이의 안전을 확인할 수 있어서 1박 2일 여행 정도는 가능하다.

고양이가 안심하고 머무를 곳이 많은 집

고양이 화장실 크기에 맞춘 수납장

고양이 화장실 크기에 딱 맞는 수납장을 주문. 바로 위 칸에 청소용품 수납공간도 만들었다. 수납장 옆에는 서랍식 분리수거함을 비치해 화장실 청소가 편리하다. 색을 모두 흰색으로 통일하여 매우 깔끔해 보인다.

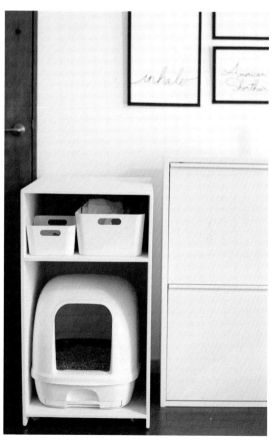

간단한 청소법과
색상을 통일한 붙박이장

장사를 했던 터라 집에 물건이 참 많았
다는 아마이로 씨. 기존에 쓰던 목제 찬
장을 철거하고, 내부 선반을 자유자재
로 바꿔 낄 수 있는 형태의 붙박이장을
천장 높이까지 짜 넣었습니다.

"내부에 두는 수납함 색상까지 통일하
는 것이 넓고 깔끔해 보이는 요령이랍니
다. 무엇이 어디 들었는지는 수납함에
붙인 라벨을 보고 파악해요."

아마이로 씨는 청소가 귀찮아서 고양이
와 자기 자신을 위해 손쉬운 청소법을
고안했다고 합니다.

"카펫은 더러워진 부분만 떼서 세탁하
면 되는 타일형 카펫을 깔고, 바닥 청소
는 로봇 청소기와 더스킨 스타일클리너
를 씁니다. 한곳으로 쓰레기와 먼지를
모으면 거치형 청소기가 싹 빨아들여
주니까 편하더라고요. 나머지는 돌돌이
를 사용하는 정도입니다."

간편함을 추구했더니 자연스레 생활이
깔끔하고 쾌적해졌습니다.

라벨로 내용물을 한눈에 파악

숨기는 수납의 포인트는 라벨. 수납함에 라벨을 붙여 놓으
면 하나하나 꺼내서 확인하지 않아도 내용물이 한눈에 파
악되므로 물건을 찾아 헤맬 필요가 없다.

문을 닫으면 마치 벽 같아 보이는 붙박이장.
가구가 없는 만큼 시야가 탁 트인다.

아마이로 님의
고양이 규칙

1

부분적으로 분리되는 카펫

거실 카펫이 타일형 제품이라 고양이가 토하더라도 더러워진 부분만 떼서 소독제나 카펫 얼룩 제거제로 닦는다. 세탁이 불가능하다면 그 부분만 교체한다.

2

더스킨의 거치형 청소기

더스킨 스타일클리너는 걸레로 쓸어 모은 쓰레기와 먼지를 본체 근처로 가져가면 거치형 청소기가 빨아들이기 때문에 털이 날리지 않는다. 고양이가 있는 집에 안성맞춤.

3

줄 없는 버티컬블라인드

하늘하늘 흔들리는 커튼은 고양이 발톱에 희생되거나 털이 잔뜩 묻는다. 고양이의 장난을 방지하기 위해서도 '줄 없는 목제 버티컬블라인드'를 고집했다.

4

고양이 털 청소에는 걸레질하는 로봇 청소기

로봇 청소기의 자체 구성품인 걸레나 시판 청소포를 장착해 주기만 하면 알아서 바닥을 닦는다. 마른걸레질, 물걸레질 모두 고양이 털을 말끔히 닦아 주어서 바쁜 집사들에게 추천!

고양이 털 청소에는 이게 최고!

편하면 편할수록 좋은 고양이 털 청소.

고양이 잡지 《네코비요리》의 집사 여러분에게 청소법을 물었습니다.

고양이는 숨만 쉬어도 털이 빠지는 법

반영구 돌돌이

고양이 털은 반영구 돌돌이로 청소해요. 카펫, 러그, 이불에도 사용이 가능한 데다 청소기를 돌린 뒤에도 반영구 돌돌이를 쓰면 고양이 털이 놀라울 만큼 나옵니다. 일회성 제품인 돌돌이보다 친환경적이고, 다루기 편하답니다.

이치모다진(一毛打尽)

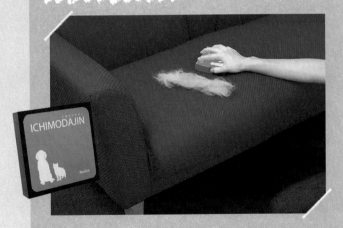

돌돌이로는 좀처럼 제거되지 않는, 섬유 깊숙이 박힌 고양이 털을 긁어내는 청소 도구입니다. 기대 이상으로 털이 쑥쑥 나와서 문지를 때 쾌감이 있어요. 손바닥만 한 크기라 소파나 캣타워 청소에 딱 좋습니다.

로봇 청소기

걸레질 기능이 있는 로봇 청소기를 사용해요. 이걸로 마른걸레질을 한 다음 물걸레질까지 끝냅니다. 일반 청소기도 사용하는데, 소음이 커서 고양이가 도망가기 때문에 자주 꺼내지는 않아요. 시간이 없을 때 틀어놓고 다른 집 안일을 하면 진짜 편리해요.

대단해!

고무빗

고양이가 지나간 커튼 끝자락은 '기모 천이었던가?' 싶을 정도로 털이 잔뜩 붙어 있는데, 고양이용 고무빗을 사용하면 속 시원히 제거됩니다. 골판지 스크래처에 묻은 털도 간단히 제거되고 카펫 청소도 가능합니다. 소재를 망가뜨리지 않고 고양이 털만 싹 제거해서 청소가 즐거워져요.

베스트토레서(BEST TORESSER)

같이 사는 고양이가 장모종이라 가늘고 긴 털이 온갖 곳에 얽히듯 달라붙습니다. 돌돌이로는 제거되지 않아서 큼직한 베스트토레서를 사용하고 있어요. 천 위에서 앞뒤로 쓱쓱 움직이면 고양이 털이 말끔히 제거됩니다. 제거된 털은 뒷면에서 꺼낼 수 있어요.

깨끗한 게 좋지

잡지
《네코비요리》
집사 아이디어

2

고양이 화장실, 그 외의 청소는 이렇게!

주변에서 흔히 접하는 물건을
청소에 활용하는 집사도 있습니다!
고양이 화장실, 바닥, 그 외의 곳은
어떻게 청소하는지 노하우를 물었습니다.

신문지

고양이 화장실에서 꺼낸 소변과 대변은 비닐봉지에
담아 밀폐하고, 쓰레기통 내부를 신문지로 감싸서 최
대한 냄새를 잡습니다.

고무장갑

캣타워나 고양이 방석에 붙은 고양이 털에는 고무장
갑을 끼고 문지르는 게 최고예요!

코르크 매트

고양이 방에 코르크 매트를 쫙 깔았어요. 폭신해서
고양이 발바닥에 무리가 없고 걸레질하기 쉽고, 부분
교체도 간단! 냄새, 진드기, 곰팡이가 잘 발생하지 않
아 바닥까지 보호해 줍니다.

비닐장갑

고양이 화장실은 손에 비닐장갑을 끼고 치웁니다. 삽
대신 손을 사용하면 응고된 모래가 부서지지 않게 배
설물을 수거할 수 있어요.

탁상 빗자루

청소기까지 꺼낼 정도가 아니면 탁상 빗자루와 쓰레
받기가 간편해요. 케이지 내부 틈새 청소에도 GOOD.

타일카펫

타일카펫은 물세탁이 가능하고, 오염됐을 때 이렇게
부분적으로 교체할 수 있어요. 가격도 적당해서 추천
합니다.

욕실용 세제

고양이 화장실을 통째로 세척할 때는 욕실에서 세제로 깨끗이 씻고, 이어서 욕실 청소까지 해 버립니다.

보스 방취 봉지

배설물을 담은 비닐봉지는 입구를 꽉 묶어서 다시 방취 봉지에 담습니다. 그러면 냄새가 전혀 새어 나오지 않아요.

라무스 소재

소파 재질은 초극세 섬유로 만든 인조가죽 소재인 라무스가 좋습니다. 청소기로 빨아들이기만 해도 고양이 털이 제거되고, 내구성이 강해 고양이 발톱에도 끄떡없어요!

양털 먼지떨이

선반 위는 고양이 털이 눈에 잘 띄는 곳이라 바로바로 청소할 수 있도록 근처에 양털 먼지떨이를 걸어 둡니다.

퍼미네이터 디셰딩툴

죽은 털 제거는 최고의 털 날림 방지책이에요. 퍼미네이터 디셰딩툴은 빗살 모양의 날이 달려 있어서 고양이 털을 빗기면 죽은 털이 시원하게 제거됩니다.

침구 청소기

저희 고양이는 저랑 한 이불에서 자기 때문에 이불 청소용 청소기로 고양이 털을 빨아들입니다.

5

고양이도 좋아하는
산뜻한 정리정돈

청소하기 전에 물건들이
깔끔하게 정리되어 있으면
일이 줄어들어 청소도 쉬워져요.
사용하기 편하고,
고양이 털을 막을 수 있는
정리정돈법을 소개합니다!

야노네 집에서는 이렇게 합니다!

정리와 보관
아이디어

물건을 늘어놓지 않는다.
혹은 뚜껑을 덮는다!

아이디어 **1**

고양이용품은 사용하는 곳 근처에

청소용품은 손닿는 곳에 두기. 청소가 쉬워지는 가장 중요한 원칙입니다. 야노네 집은 복층인데, 고양이 화장실이 현관 근처라 신발장에 도구들을 수납하고 있어요.

고양이 화장실 근처에 수납장을 둘 자리가 없어서 가장 가까운 신발장 한구석에 화장실 청소용품을 보관합니다. 청소용품이 손닿는 데 있으면 귀찮음도 줄어요.

고양이 화장실

'20%만 드러내어' 정리한 선반. 색깔을 최대한 맞추고, 책등의 요철을 가지런히 정리하면 단정합니다. 잡화류는 검은 박스에 숨겼어요.

아이디어 **2**

80%는 숨기고, 20%는 드러내기

집을 꾸미던 중에 물건을 모조리 숨겨서 보관했더니 방이 단조롭게 느껴졌어요. 장식하고 싶은 마음도 조금 있어서 '80% 숨기고, 20% 드러내는 정리'에 정착했습니다.

꺼내기 쉽도록
가벼운 재질의
서류박스

고양이 장난감이나
자잘한 문구류는 숨겨서

컴퓨터로 작업할 때 고양이가 책
상에 올라오는 것은 '매우 고양이
다운' 일이지요. 고양이가 툭툭 쳐
서 쓰러뜨리거나 털이 붙을 만한
물건은 모두 치웠습니다. 책상 위
에는 가급적 물건을 두지 않아요.

고양이 장난감은
서랍 속 칸막이 정리함으로 깔끔하게

고양이 장난감도 전에는 대충 바구니에 담았
는데, 아침마다 전부 바깥으로 나동그라져
있어서 서랍 속에 숨겼습니다.

고양이가 자주 넘어뜨리는
연필꽂이 대신 서랍에

펜이나 가위 같은 자잘한 물건은 3단 소품 서랍에 넣
어 보이지 않게 정리했습니다. 보관할 공간이 적으니
필기도구도 가짓수를 최소한으로 줄였어요.

세제는 뚜껑 달린 바구니에

세탁기 위에 나란히 올려놓은 세제들을 고양이가 자꾸만 발로 떨어뜨려서 뚜껑이 달린 큼지막한 바구니에 넣었습니다. 고양이는 바구니에 들어가는 걸 좋아하니 꼭 '뚜껑 달린 바구니'여야 해요.

뚜껑을 별도로 구매할 수 있는
대형 바구니

저희 집 아이들은 뚜껑을 못 열지만, 간혹 있는 천재 고양이들에겐 잠금장치가 달린 뚜껑이 나올지도.

한데 정리해서 세면대 밑에

가볍고 유연한 폴리에틸렌 소재의 수납 바구니. 40L짜리라 모든 세제를 넉넉히 보관해요. 하지만 세제가 그대로 노출이 되어 있으면 고양이가 장난을 치다가 몸에 묻은 세제를 먹을 수 있기 때문에 매우 위험합니다. 그러니 천으로라도 반드시 가려 놓아야 해요.

미즈호 마키 님

동선을 고려해
고양이에게도
쾌적한 집

토토

고양이 하나+사람 넷(부부+아이)

어릴 적에는 늘 고양이와 함께 지냈다. 아이가 고등학생이 되면 다시 키우고 싶다고 생각하다가 소원대로 고양이를 맞이했다. 아비시니안 토토는 7살 남자애. 성격은 영락없는 초등학교 3학년 같다.

인스타그램 @mizuhomaki
https://ameblo.jp/mamerurutoto/

고양이가 자유롭게 돌아다니는 집은 바람이 잘 통한다

개인에게 딱 맞는 인테리어를 제안하는 인테리어, 정리 상담가인 미즈호 마키 씨. 줄곧 단독주택에 살았지만 최근 맨션으로 이사했습니다. 이때 집을 싹 뜯어고치면서 '고양이의 동선'에 신경을 썼다고 해요.

"고양이가 자유롭게 돌아다닐 수 있는 동선이 확보되면 집에 통풍이 잘돼요. 사람이야 당연히 움직이기 편하고, 바람이 잘 통하니 자연스럽게 집이 쾌적해지지요."

현관, 거실 겸 식당, 화장실, 침실을 사람은 물론 고양이도 자유로이 드나드는 집. 대신에 미즈호씨가 아끼는 가방과 양복은 털이 묻지 않도록 침실 벽장에 수납합니다. 회색과 흰색이 주를 이루는 우아한 침실이지요?

복도에 마련한 책장에는 가족이 공유하는 책들

복도 벽을 허비하고 싶지 않아서 직접 선반을 달아 가족용 책장으로 활용했다. 그러자 온 가족이 서로 책을 빌리고 또 돌려주는 도서관 같은 공간이 탄생했다.

가방은 더스트백에 붙인 라벨로 내용물을 표시

먼지가 쌓이지 않게 더스트백에 담아 벽장 상단에 쭉 올려 놓고, 내용물이 무엇인지 알 수 있게 라벨을 붙였다. 높은 곳이라 고양이 털도 차단된다.

옷 손질용품은 의류 근처에

왼쪽부터 페이스 커버, 캐시미어용 옷솔, 돌돌이, 보풀 제거기. 바로 꺼낼 수 있는 자리에 배치했다.

벽장 속에 공기청정기를

입었다 벗은 옷에는 의외로 습기가 많아서 통풍을 위해 소형 공기청정기를 벽장 속에 두고 아침, 저녁으로 한두 시간씩 틀어놓는다.

침실 한쪽 벽을 차지한 벽장. 접이식 문을 열면 옷, 가방, 솔 등이 꺼내기 쉽게 정리되어 있다. 최대한 고양이가 들어가지 못하게 하는 중.

장소에 맞는 청소 도구를 선택

"거실 청소를 할 때 청소기만 씁니다. 러그며 쿠션에 묻은 고양이 털도 간단히 빨아들이거든요. 침실, 화장실, 복도는 로봇 청소기를 돌립니다. 협소한 곳은 입구가 좁은 청소기나 돌돌이로 청소하고요. 장소별로 사용하기 편한 청소 도구를 엄선하는 것이 핵심입니다."

미즈호 씨가 말하는 '쾌적한 공간 만들기'의 요령은 이렇습니다. ①그 공간에서 어떻게 지내고 싶은지 결정한다. ②무엇을 좋아하는지 판단한다. ③싫은 요소를 제거한다. 요컨대 '생각 정리'가 중요하다는 미즈호 씨. 먼저 생각부터 정리한 다음 취향에 맞는 색깔로 연출한다고 해요.

핸디형 청소기로 틈새 청소도 척척

서류용 수납장이나 책장 위처럼 좁은 틈새에는 충전식 핸디형 청소기를 애용. 가볍고 들기 편해서 먼지가 눈에 띌 때 얼른 청소할 수 있다.

침실과 복도는 로봇 청소기로

침실은 로봇 청소기로 청소한다. 바닥에 물건을 두지 않아, 문을 열어 놓으면 복도까지 청소 끝! 소형이라 좁은 공간도 문제없다.

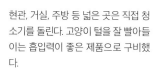

현관, 거실, 주방 등 넓은 곳은 직접 청소기를 돌린다. 고양이 털을 잘 빨아들이는 흡입력이 좋은 제품으로 구비했다.

소형 청소 도구도 준비

돌돌이도 크기별로 세 종류나 있다. 청소하려는 장소에 딱 맞는 크기의 도구를 쓰는 것만으로 청소가 훨씬 수월해진다.

쿠션까지 청소기로 꼼꼼하게

고양이가 곧잘 올라가서 금세 털이 붙는 쿠션도 청소기로 처리한다. 소파 표면의 털도 청소기를 돌리면 일주 제거된다.

집의 기운을 바꾸는 고양이는 삶의 활력소

"이를테면 제가 원하는 거실은 사람들이 모여서 편안하게 쉬는 장소라서, 색깔의 수를 제한하여 한가로운 공간을 연출했어요. 옥상 테라스도 마음껏 들락거릴 수 있는 자유로운 분위기로 꾸몄지요. 식탁은 넓고, 여유롭게. 의자 시트는 고양이 발톱에 대비해서 교체가 가능한 페이퍼코드(종이끈) 소재로 했습니다."

주방가구 위에는 물건을 두지 않고, 안쪽 다용도실 벽면 전체를 선반으로 만든 팬트리에 보관해요. 고양이 식기를 도자기에서 무광 스테인리스 볼로 바꿨더니 그릇이 미끈미끈해지지 않는다고 합니다. 싫은 요소를 두지 않고 좋아하는 것, 마음에 드는 것으로 점차 채워

밀폐용기에 옮겨 담아서

사료는 영양소와 고양이의 취향을 고려해 세 종류를 섞어 준다. 세 가지 사료를 각각 밀폐 용기에 옮겨 담고, 드라잉블록을 넣은 뒤 라벨을 붙여 보관한다.

**법랑 냄비 물그릇과
스테인리스 밥그릇**

법랑 편수 냄비를 물그릇으로 사용. 물이 튀어도 상관없도록 빛바랜 쟁반에 받쳐 놓는다. 밥그릇은 무광 스테인리스 볼.

나간다는 미즈호 씨.

우리가 미처 알아차리지 못해도 환경과 공간이 사람에게 미치는 영향은 엄청납니다. 편리함, 분위기, 시각적 즐거움, 안정감, 편안함 등을 체크하며 조금씩 바꿔 나가는 미즈호 씨의 공간 만들기에 끝은 없습니다.

"풍수적으로도 '방구석은 기운이 고이는 곳'이라 저는 구석에 물건을 두지 않고 비워 둬요. 그런데 고양이는 좁은 장소를 좋아해서 구석이나 틈새 공간에 항상 들어가잖아요. 그러니 고양이가 들어갈 만한 곳은 깨끗하게 유지하게 돼요. 고양이 덕에 청소를 거르지 않게 되었으니, 고양이가 집의 기운을 바꾸어 주는 셈입니다. 그 결과로 공간이 쾌적해지고요. 고양이는 천하무적이에요!"

주방 안쪽에 팬트리를 설치. 보이는 곳에는 보기 좋은 물건을, 냉장고로 가려지는 곳에는 감추고 싶은 물건을 수납한다. 청소기는 개폐식 쓰레기통 옆에 거치. 꺼내기 쉽고, 눈에 띄지 않는다.

캣스텝은 재깍재깍 걸레질

거실 창가 위쪽에 있던 간접조명을 철거하고 캣스텝으로 개조했다. 청소는 극세사 자루걸레로 청소한다.

고양이도 사람도 편안하게

바닥이 늘 훤해서 청소하기 편한 거실. 시원스럽고 깔끔한 공간이라 고양이도 편히 지낸다.

미즈호 님의
고양이 규칙

1

사람과 고양이의 화장실은 공간을 합쳐서

고양이 화장실은 사람 화장실 내부(세면대 밑)에 설치했다. 문을 닫으면 감쪽같아서 손님도 설마 여기에 고양이 화장실이 있을 줄은 꿈에도 모른다.

2

고양이 전용 통로로 외부에서는 보이지 않게

고양이가 복도에서 곧장 세면대 밑 화장실로 출입할 수 있도록 고양이 화장실 옆 벽을 뚫어 펫 도어를 만들었다. 아담한 공간이라 고양이에게 안정적이고, 모래나 냄새가 퍼지지 않아 청결도 유지된다.

3

친환경적인 EM용액 소독제

토양 개선에도 쓰이는 R균(*유용한 미생물만 모아 배합한 복합균)을 사용한 소독제품. 탈취 및 정화에 효과적이다.

4

고양이가 발톱을 가는 의자는 교체가 되는 제품으로

거실에 스크래처를 놔두었지만 의자 모서리에 발톱을 가는 것도 좋아하는 고양이. 아예 시트가 교체되는 의자를 선택했다. 긁히면 마음은 아프지만 걱정이 없다.

5

친환경 성분의 세제와 탈취제

친환경 세제를 애용한다. 오염물의 생분해를 촉진하는 성분이 배합된 세제여서 배수관 청소까지 가능하다. 사용하는 탈취제는 정제수가 주요 성분인 스프레이. 산성 이온수 제품이라 동물에게도 무해하다.

6

고양이가 좋아하는
아이와의 관계

반려동물과 아이가 함께 있는 집엔
어떤 노하우가 필요할까요?
아이가 태어나기 전부터
고양이와 함께 살아온 가족에게
청소할 때 주의할 점과
아이와 고양이의 이상적인 관계를
물어봤어요!

스즈키 겐이치 님

고양이가
육아를 도와주고
있어요

마일로

고양이 하나+사람 셋(부부+아이)

겐이치 씨가 결혼하기 전부터 함께 살아온 고양이 마일로. 장남 하루타 군은 현재 만으로 3살이에요. 마일로는 하루타 군이 태어났을 때부터 쭉 함께 있어서 둘은 서로에게 형제 같은 존재랍니다.

인스타그램 @wise01
https://www.instagram.com/wise01/

곁에서 보살피는 고양이 식사 담당자

두 돌 무렵, 고양이 식사 담당자로 임명된 하루타 군. 보살펴 주는 거라지만 너무 가깝지 않니?

물고기는 먹을 수 있으니까 나눠 주기

양념이 되지 않은 가쓰오부시는 고양이도 먹을 수 있다고 했더니 바로 마일로에게 주는 아이. 고양이와 함께 살면서 상냥한 마음이 자란다.

서로에게 형제가 되어주는 아이와 고양이

고양이 마일로는 겐이치 씨가 결혼하기 전부터 함께 살아온 가족이에요. 결혼과 출산이라는 인생의 큰 사건이 일어났을 때도 언제나 마일로가 곁에 있었지요. 취미로 찍어 온 사진은 자연스럽게 '마일로와 하루타의 성장 기록'이 되었습니다. 하루타 군과 마일로는 대부분 함께 생활

태어났을 때부터
고양이와 한 가족

예전에는 고양이 마일로가 들어가서 낮잠을 자던 바구니에 지금은 하루타 군이 쏙 들어간다. 창가는 둘만의 해바라기 장소.

합니다. 아이의 책임감을 키우기 위해 아이도 고양이 돌보기를 돕고 있다고 해요. "조심조심 털을 빗기고, 매일매일 밥을 줘야 해"라고 알려 주고 마일로의 빗질과 식사를 맡겼습니다. 아이가 태어나기 전에는 "고양이 털 때문에 아기한테 천식이 생기면 어쩌려고?"라거나 "아기를 물면 어떡해?"라는 걱정도 많이 들었다는 젠이치 씨. 막상 뚜껑을 열어 보니 아이 키우는 집에 고양이가 있으니 좋은 점밖에 없었다는군요. 물론 위생관리는 철저히 하고 있다고 해요.

"고양이 화장실 청소는 제가 해요. 같이 살면서 줄곧 해 온 일이라 전혀 힘들지 않아요."

고양이 털 청소도 무선 청소기를 사용하니 수고가 줄었고, 고양이 식기며 방석을 세척하는 세제도 사람용을 같이 쓰는지라 살균 스프레이 외에는 별달리 사용하는 것이 없다고 합니다.

"아들이 자고 있으면 항상 마일로가 곁을 지키고 있어요. 보초를 서는 것처럼 앉아있다가 픽 쓰러져 자는데 그 모습이 정말 귀엽습니다."

하루타 군의 조그만 보디가드 마일로, 믿음직스럽네요.

"마일로 진짜 좋아!" 아빠 품에서 꼬옥

아빠에게 안긴 하루타 군이 마일로까지 동시에
꼬옥 안아준다. 마일로는 온화한 성격이라 하루
타 군을 잘 받아 준다.

돌돌이로 마일로 털 청소하기

아이도 베란다에서 마일로의 털을 빗기는 일을
돕게 되었다. 실내에서는 직접 돌돌이를 들고 살
살 문질러 주기도.

청결을 유지하면서
고양이 털에도 관대하게

**소파 위는 하루타 군과 마일로의 낮잠 공간.
놀다 지치면 언제나 같이 낮잠을 잔다.**

바닥 청소는 아침 식사 후 청소기로

밤중에 쌓인 먼지까지 아침에 제거하는 편이 상쾌하다. 무선 청소기는 이동성이 좋아서 편리하다.

천 제품에 붙은 고양이 털은 청소기로 흡입 토했을 때는 살균·탈취

천 제품은 무선 청소기의 흡입구를 교체해 청소한다. 고양이가 토했을 때는 당장 세탁이 가능한 것은 하고, 어려운 것은 깨끗이 닦아 살균·탈취 스프레이를 뿌린다.

1

친한 형제처럼 지내는 고양이와 아이

"다 갖고 놀았으면 치워야지"라고 말하듯 하루타 군이 장난감 정리하는 모습을 지켜보는 마일로. 과연 형답다.

2

적당한 거리감을 아이가 알도록

그림 그리기도 꼭 마일로 근처에서 한다는 하루타 군. 때로는 한껏 애정을 표현하기도 하지만 고양이를 귀찮게 하지 않게끔 꼭 적당한 선을 가르친다.

아오 님

개와 고양이에게 둘러싸여 기르는 배려심

안미쓰
아이스
파피코

고양이 하나+개 둘+사람 셋(부부+아이)

토이푸들 파피코(10살)와 아이스(8살)는 장남 찰떡이(애칭)가 태어나기 전부터 같이 산 반려견들이에요. 고등어태비 안미쓰(1살 추정)는 찰떡 군이 두 돌일 무렵에 구조한 고양이입니다.

인스타그램 @aoxdays
https://www.instagram.com/aoxdays/

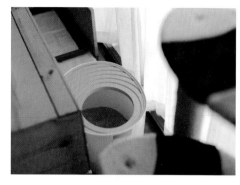

모래가 날리지 않는 '위로 들어가는 고양이 화장실'

위로 들어가는 형태의 고양이 화장실을 사용. 모래는 2주마다 교체하고, 매일 한 번씩 약산성 차아염소산수 스프레이를 뿌린다. 화장실 청소는 구연산수 스프레이로 한다.

고양이 털 청소에 애용하는 '이치모다진'

침대 커버라든가 캣타워에 붙은 고양이 털 청소에는 '이치모다진'이 편리하다. 소파를 비롯하여 소재가 천이 아닌 물품은 돌돌이나 청소기로 털을 꼼꼼히 제거한다.

개털 알레르기였지만 다행히 호전됐어요

세 살배기 아들 찰떡 군이 태어나기 전부터 아오 씨 집에는 토이푸들 파피코와 아이스가 살고 있었습니다. 친구 집에서 태어난 새끼 강아지를 보러 갔다가 홀리듯 파피코와 살게 되었고, 아이스는 파피코가 낳은 외동딸이에요.

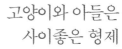

고양이와 함께 아기 시절을 보낸 찰떡 군. 고양이에게 까불다가 앙 깨물리면서도 항상 나란히 누워 잔다.

찰떡 군이 두 돌일 무렵, 상자에 담긴 채 버려져 있던 고양이 안미쓰를 공원에서 구조하게 되어 가족으로 맞이했습니다. 아기들끼리 마음이 잘 맞았는지 안미쓰와 찰떡 군은 늘 찰싹 달라붙어 놀았다고 해요.

그런데 사실 찰떡 군은 6개월 때 개털 알레르기로 판명되었다고 합니다. 알레르기 등급도 5로 높은 편이었기에 어떻게 하면 좋을지 남편과 의논했었지요. 부부는 인내심을 갖고 개들이 찰떡 군과 접촉하지 않도록 교육했습니다. 그

결과 파피코와 아이스는 '찰떡이는 멀리서 지켜보기'라는 방침을 잘 지키고 있지만, 찰떡 군은 두 친구를 아주 좋아한대요. 다행히 성장할수록 알레르기가 호전되어 이제는 개를 쓰다듬거나 껴안아도 말짱하다고 합니다. 의사 선생님에게도 "같이 지내도 괜찮다"라는 진단을 받아서 안심했다는 부부. 한편 고양이 안미쓰와는 접촉해도 문제가 없어서 잠잘 때 옆에 착 붙기도 하며 형제처럼 지내고 있습니다.

동물의 마음을 헤아릴 줄 아는 아이로

찰떡 군에게 알레르기가 있으므로 털이 잘 달라붙는 천 소재의 쿠션은 사용하지 않는다는 아오 씨. 청소 시간은 매일 아침. 털과 먼지가 밤새 바닥에 쌓여 청소를 아침 첫 일과로 삼았습니다. 퇴근하고 집에 와서도 청소기와 돌돌이로 개털, 고양이 털을 부지런히 치운다고 하네요.

"찰떡이는 세 친구를 무척 좋아해요. 아침에 등원하기 전에는 모두에게 '다녀오겠습니다!' 인사하고, 하원해서는 '다녀왔습니다!' 하며 곁으로 달려갑니다. '아이, 귀여워'라면서 쓰다듬거나 껴안기도 하고요. 가만히 얼굴을 들여다보며 미소 짓기도 한답니다."

찰떡 군은 자연스레 동물을 사랑하게 된 모양이에요. 말이 통하지 않아도 상대방의 분위기를 살펴 소통하는 법을 배웠지요.

6개월 때 개털 알레르기로 판명된 찰떡 군. 지금은 껴안아도 아무렇지 않게 되었지만 그사이 찰떡 군의 애정은 온통 고양이 안미쓰에게 쏠려버렸다.

배려가 자연스럽게 몸에 배어 있는 아이

뛰어노는 아이와 동물들을 위해 물건은 서랍에

개와 고양이는 물론 아이까지 뛰어다니다 보니 먼지가 많이 날리고 뭉친다. 청소하기 쉽도록 장식은 벽에 걸고, 물건은 최대한 수납장에 보관한다.

1

식기는 구연산으로 설거지하고, 사료는 밀폐 용기에 보관

고양이 식기는 키친타월로 미끈거림을 제거하고, 멜라민 수세미와 구연산으로 설거지한다. 사료는 건조제와 함께 밀폐 용기에 담아서 보관.

2

청소 도구는 용도별로 사용

왼쪽부터 무선 청소기, 스팀 물걸레 청소기, 밀대형 돌돌이, 대걸레. 정전기 청소포용 대걸레로 물걸레질까지 했더니 연결부가 자꾸 부러져서 스팀 청소기를 구입했다.

7

다묘 가정
&
다른 동물과의 생활

고양이가 여러 마리거나
강아지와 같이 지내는 가족에게
매일 어떻게 청소하고
밥을 주는지,
어떤 생활 패턴으로 생활하는지
이야기를 들어보았어요.

고양이가 좋아하는 집

8

오카야마 님

넓은 고택에서 개와 고양이에게 위로받으며

푸카

모코

테토

코하루

고양이 셋+개 하나+사람 둘(부부)

시골로 이사한 뒤부터 개와 살기 시작했다. 1년 후, 숲에서 구조한 새끼 고양이 두 마리(푸카, 모코)를 가족으로 맞아들였다. 이후 동네 길고양이가 낳은 테토도 가족으로.

인스타그램 @__2go__
https://www.instagram.com/__2go__/

천연 소재의 바닥은 청소기와 대걸레로

바닥이 전부 삼나무 원목이라 세제는 사용하지 않는다. 청소기를 돌린 뒤 물걸레질이나 마른걸레질만 하고, 1년에 한 번씩 밀랍왁스로 코팅한다.

바구니와 침대는 햇볕에 말리기

집에 다양한 바구니가 있어서 재활용해 고양이의 집과 침대로 쓴다. 다달이 햇볕소독을 하고 바구니 속 방석은 평범하게 세탁.

청소 도구도 천연 소재를 선호

맨 왼쪽은 손수 만든 빗자루, 그 옆은 먼지떨이. 청소 도구가 안 보이면 청소를 안 하게 되어서 잘 보이는 곳에 걸어 놓는다.

굵은 대들보와 기둥은 100년이 넘은 것을 그대로 살렸는데, 고양이의 캣워커와 캣타워로 활용했다.

생후 2주 된 새끼 고양이를 우연히 만나다

지어진 지 100년이 넘은 초가지붕 집을 리모델링하여 살고 있는 오카야마 씨. 이사 후 보호시설에서 개를 입양했고, 1년 뒤 치즈태비 남매 푸카와 모코를 만났습니다.

"숲에서 어린 고양이 울음소리가 들리더라고요. 소리를 따라갔더니 수건에 폭 싸인 새끼 고양이 한 마리가 상자에 담겨 있었어요. 다른 한 마리는 수풀 속에서 발견했고요. 두 마리 모두 눈에 띄게 쇠약해진 상태였습니다. 동물병원에 데려가니 생후 2주밖에 되지 않았다고

하더군요. 2주일간 두세 시간 간격으로 스포이트에 분유를 담아 먹였지요."

자기들보다 훨씬 큰 시바견 코하루가 있는데도 새끼 고양이 두 마리는 전혀 무서워하지 않았다고 합니다. 코하루도 조그만 고양이들을 신기해하고요. 개를 먼저 데려오고, 나중에 고양이가 오게 되어 합사가 비교적 쉬웠다는 오카야마 씨.

"코하루는 고양이가 자기 배 위에서 자도, 자기한테 펀치를 날려도 화내지 않아요. 자기 나름대로 약한 존재를 배려해 주는 듯싶습니다."

싱크대 주변은
고양이가 들어와도
괜찮을 만큼
깔끔하게

뚜껑 달린 바구니에 정리하면
옮기기 쉬워서 청소도 편리

집을 리모델링할 당시에는 고양이가 없었
던 터라 '주방은 숨기는 수납으로 할 걸……'
이라고 생각하지만, 물건을 뚜껑 달린 바구
니에 보관하니 번쩍번쩍 옮길 수 있어서 의
외로 편리했다.

아일랜드식 주방이라 널찍하니 고양이들
이 신나게 올라온다. 그래서 웬만한 물건은
두지 않는다. 설거지 세제는 사람과 같이 사
용. 수세미는 분리해서 쓰고, 설거지는 식사
가 끝나자마자 한다.

눈만 마주쳐도 마음이 따뜻해지는 존재

"바닥은 전부 삼나무 원목이고, 벽은 회반죽이라 청소할 때 세제류는 사용하지 않아요. 청소기를 돌리고, 대걸레로 마른걸레질과 물걸레질을 하는 게 기본적인 바닥 청소법입니다. 1년에 한 번 천연 밀랍으로 바닥을 코팅하는데, 고양이가 핥아도 안전한 천연 소재로 한답니다."
고양이가 토했을 때는 키친타월로 닦은 뒤 소독제를 뿌려 살균합니다. 장작 난로가 있는 공간은 바닥에 물을 뿌리고, 바닥 솔로 싹싹 문지르면 청소 끝.
"장작 난로 방에 큰 싱크대가 있어서, 천류는 일단 그곳에 담가 두었다가 세탁기로 빨래합니다. 고양이 화장실은 집밖 수돗가에서 호스와 샤워기로 수압을 이용해 세척하고요."
그 외에도 무알코올 물티슈로 매일 고양이 화장실 표면을 닦고, 사용하는 침엽수 우드 펠릿은 매달 전부 바꿔준다고 합니다.

"전에 지붕 밑에 쥐가 있었는지 고양이들이 난리가 났었어요. 그래서 '잡을 수 있을까?' 싶어 천장 구멍으로 올려줬던 적이 있어요. 그러고는 구멍을 막지 않고 그냥 내버려 뒀는데, 어느 날 모코가 대체 어떻게 올라갔는지 천장 깊숙이 꽁꽁 숨어 버린 거예요. 찾느라 무려 다섯 시간이 걸렸습니다."
정말 대사건이었다고 해요. 고양이의 신체 능력은 항상 놀랍지요.
"사료도 처음에는 고민스러웠죠. 개랑 고양이랑 동시에 주는 편이 나을까? 식사 공간은 분리해야 하나? 그런데 개가 고양이 밥을 뺏어 먹어서 고양이들이 당황하더라고요. 식사 공간을 분리한 뒤로는 서로 편하게 식사하고 있어요."
이젠 눈만 마주쳐도 마음의 목소리가 들리는 것 같다는 오카야마 씨. 괴로울 때는 곁에 있어 주는 것만으로 큰 위로가 되는 존재입니다.

병에 담아 함석 상자에 보관

사료는 밀폐 용기에 담아서 다시 함석으로 된 상자에. 함석은 불과 물에 강하고, 쉽게 녹슬지 않아서 내용물을 습기로부터 보호해 준다.

물은 마시기 편한 높이의 아크릴 식탁

물그릇은 아크릴 선반 파티션 위에 둔다. 높이가 확보되어 마시기 편하고, 먼지도 방지된다.

지붕창으로 자연광이 들어오는 주방

창문보다 세 배나 많은 빛이 들어오는 지붕창. 밤에는 깜깜해서 조명을 여러 개 달았다. 벽에는 선반을 설치.

개와 고양이가 좋아하는 장소는 항상 깔끔하게

수제 스크래처 케이스로 부스러기를 방지

스크래처 케이스를 손수 제작했다. 스크래처의 부스러기가 흩어지지 않고 아래에 모여서 청소하기 편하다. 다만 이따금 문에 발린 창호지를 갈기갈기 찢는 것이 고민.

장작 난로가 설치된 방은 바닥이 콘크리트로 되어 있다. 고양이들이 토했다 하면 이곳인 경우가 많아서 물을 쫙 뿌리고, 바닥 솔로 쓱싹쓱싹 문질러 청소한다.

난로 주변은 간단하게 빗자루로

장작 난로 주변 바닥은 빗자루와 쓰레받기로 청소. 고양이 털이 쉽게 쌓이는 방 귀퉁이에 젖은 신문지를 깔아 두면 고양이 털이 신문지에 달라붙어서 치우기 쉽다.

홈 스튜디오에서 연주를 기다리는 세 마리. 악기에는 관심이 없지만 앰프 옆면과 윗면에 붙은 천이 마음에 드는 듯하다. 발톱을 긁거나 몸을 비비는 통에 고양이 털이 잔뜩 붙는다.

친하게 지내던 길고양이의 출산!

마당 근처에서 생활하던 길고양이가 새벽에 저를 찾길래 나갔더니, 마루 아래를 보며 큰소리로 울었습니다. 불빛을 비춰 보니까 무언가가 꼬물꼬물…… 급한 마음에 바닥을 뜯고 밑으로 기어 들어가자 그곳에 작디작은 새끼 고양이가 있었어요! 모두 구조하고, 임시 보호 공간을 만들어 모유 수유하는 엄마와 아이들을 한 달간 돌봤습니다. 수의사 선생님의 지시에 따라 두 달쯤 지나서 이유식을 시작할 무렵 입양자를 찾았고요. 한 마리는 저희가 입양했습니다.

오카야마 님의
고양이 규칙

1

얼룩이 두드러질 때는 알칼리성 비누를 사용

천으로 된 물건은 약알칼리성 비누를 묻혀 손빨래한다. 빨래판에 대고 부분적으로 문지르면 웬만한 얼룩은 다 지워진다.

2

**월 2~3회 고양이 모래를 바꿀 때
화장실도 전체 세척**

배변 패드는 일주일에 1회 교체하고, 고양이 모래는 한 달에 2~3회 전부 교체한다. 모래를 교체할 때마다 바깥 수돗가에서 화장실까지 통째로 세척. 냄새가 신경 쓰일 땐 설거지 세제를 묻힌 솔로 문질러 닦는다.

3

**청소기는 흡입력 좋은
무선 청소기로**

바닥재가 삼나무 원목이라 청소기와 걸레질로 청소한다. 소파 커버에 묻은 고양이 털은 청소기로 빨아들이고, 회반죽 벽은 먼지떨이로 턴다.

고양이가 좋아하는 집

9

투피 님

고양이 여섯에 개 하나, 시끌벅적 대가족

콘부

우니

모모

단고

마롱 오하기

쿠루미

고양이 여섯+개 하나+사람 둘(부부)

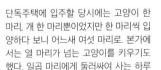

단독주택에 입주할 당시에는 고양이 한 마리, 개 한 마리뿐이었지만 한 마리씩 입양하다 보니 어느새 여섯 마리로. 본가에 서는 열 마리가 넘는 고양이를 키우기도 했다. 일곱 마리에게 둘러싸여 사는 하루 하루가 행복하다.

인스타그램 @toupie_
https://minne.com/@toupie

바닥은 왁스 NO, 마른걸레질로

당고라는 고양이가 경도의 먼지 알레르기여서 하루 도 빠짐없이 청소기를 돌린다. 바닥은 파인 소재의 원 목이라 세제를 쓰지 않고 마른걸레질만 한다.

러그와 캣타워도 청소기와 돌돌이로

청소 시간은 아침. 고양이들이 활발하게 돌아다닐 때 를 노려서 무선 청소기와 로봇 청소기를 풀가동한다. 곳곳에 돌돌이도 필수.

물건 없는 바닥엔
로봇 청소기가 활약

바닥에는 가급적 물건을
두지 않고, 러그 이외의 깔
개는 청소하기 힘들어서 깔
지 않는다.

개와 고양이가 지켜보는 가운데
요령껏 아침 청소를

어릴 적부터 고양이들과 함께 자랐다는
투피 씨. 현재 고양이 여섯 마리, 개 한
마리, 부부가 한 집에서 생활합니다. 개
와 고양이가 있는 일상이 무척 자연스
러워 보였어요.

"처음에는 고양이도 개도 한 마리였는
데, 고양이는 두 마리인 편이 외롭지 않
다고들 해서 둘째를 들였거든요. 살아
보니까 셋째도 문제없겠더라고요! 그렇

게 점점 식구가 늘어났어요."

많아서 힘들겠다는 말도 종종 듣지만
투피 씨는 그렇게 생각해 본 적이 없는
듯합니다. 분명 고양이 털이 엄청날 텐
데 "로봇 청소기한테 맡겨요"라고 해맑
게 대답하는 투피 씨. 로봇 청소기를 돌
리려고 의자를 식탁 위에 올리면 그곳
이 고양이들 놀이터가 된대요. "고양이
털이 많이 쌓이는 곳은 계단 구석과 밑
이에요. 청소포를 접어서 손으로 한 층
씩 닦습니다."

청소는 아침에 후딱 해치운다고 합니다.

따끈따끈한 욕조 덮개 위

목욕할 때마다 매번 욕실까지 따라오는 오하기(왼쪽). 이날은 콘부(오른쪽)도 따라왔다. 욕조 덮개 위에 목욕수건을 깔고 다 같이 몸을 덥힌다.

캣타워는 침구용 청소기를 돌린 뒤 돌돌이를 밀고, 마지막에 살균 스프레이를 뿌린다. 이날은 우연찮게 모두가 카메라를 쳐다본 날!

다묘 가정이라 살균소독에 주의

사실은 고양이 털 알레르기가 있다는 투피 씨. 젖은 피부에 고양이 털이 붙으면 가려워져서 털이 붙은 수건만큼은 별도로 세탁합니다. 바이러스 대책과 살균에는 특히 신경을 쓰고요.

"한 마리가 감염되면 머지않아 모두에게 옮기 때문에 동물병원에서도 사용하는 살균력 좋은 소독제를 씁니다. 거름망 화장실용 배변 패드는 매일 한 번씩 갈고, 거름망은 살균 티슈로 닦아요. 모래는 다달이 전부 교체하고, 어느 화장실을 언제 교체했는지 수첩에 기록합니다."

화분 쓰러뜨리기 같은 장난을 치는 아이도 있지만 사람 아이와 별다르지 않다고 투피 씨는 말했습니다.

"어느 방에나 고양이가 있고, 심지어 욕실까지 따라오는 아이도 있어요. 혼자가 되는 시간이 없어서 외로울 틈 없이 행복합니다."

종이 상자 뚜껑으로 화분 가리기

구조할 당시 생후 6주쯤이었던 콘부가 화분 속 흙에 소변을 본 이후로 종이 상자로 뚜껑을 만들었다.

이불 커버 세탁은 일주일에 세 번

이불 커버가 털투성이라 일주일에 세 번은 세탁한다. 쿠션 커버는 주말에 세탁.

**드럼 건조기는
고양이 털 제거에 최적**

드럼 건조기는 고양이 털을 놀랍도록 잘 제거한다. 다묘 가정의 필수품. 말리자마자 갤 수 있어서 가끔은 맑은 날에도 쓴다.

청소는
규칙적으로
꼼꼼하게

**화장실 청소 세트를
준비**

비닐봉지, 물티슈, 갑티슈, 작은 빗자루와 쓰레받기, 살균제, 교체용 배변 패드가 들어 있다.

화장실 청소 기록표

화장실은 2층에 한 개, 거실에 두 개

다묘 가정일 경우, 거름망 화장실만 사용하면 밑에 까는 배변 패드에서 하루만 지나도 악취가 난다. 배설물 양도 엄청나서 강아지용으로 나온 두꺼운 배변 패드를 깔고, 날마다 교체한다.

고양이 돌보기는
어린아이 돌보기와 마찬가지

식사는 전용 식탁에서

개가 있으므로 바닥에 그릇을 내려놓지 않고
1층 고양이 전용 식탁 위에서 먹인다. 식탁은
손수 타일을 붙여서 만든 수제품. 식사 후에
는 소독제를 뿌려서 닦는다.

급수기로 항상 신선한 물을

물은 신선하도록 급수기를 사용한다. 고양이는 흐르는 물
을 더 선호해 물 마시는 양도 늘어난다. 하지만 급수기의 소
음을 싫어하는 고양이도 있으니 주의.

고양이 식기와 급수기는
우선 식기세척기로

마리 수가 많아서 1차로 식기세척기를
쓴다. 매일 식기세척기를 돌리기 전에
급수기도 분해하여 식기와 함께 넣는
다.

그다음 고양이 식기 세제와 소독제

한 번 더 세척이 필요하다 싶을 때는 베
이킹소다가 주재료인 친환경 세제를 사
용한다. 식기세척기로도 충분하면 소독
제를 뿌려 마무리한다.

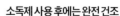

소독제 사용 후에는 완전 건조

고양이 관련 용품은 전부 소독제로 살
균하고 언제나 완전히 건조될 때까지 기
다린 뒤에 사용한다. 그래야 잔여물이
없어 안심하게 된다는 투피 씨.

가끔은 계단에서 밥을 먹기도

어딘지 심기가 불편하신 날엔 2층에서 도통 내려오질 않아 계단에 밥그릇을 놓아준다. 높은 그릇을 좋아하는 아이가 있는가 하면 낮은 그릇을 좋아하는 아이도 있어서 흥미롭다.

투피 님의
고양이 규칙

1

탈취력 좋은 산소계 표백제

고양이가 사용하는 천 종류는 산소계 표백제를 사용해 세탁한다. 세정력도 좋고 냄새까지 잡아 주어서 추천. 고양이가 자주 올라와 앉는 곳들은 소독제로 닦아준다.

2

장난감은 닦아서 햇볕에 건조

고양이 장난감은 살균 티슈로 닦는다. 화창한 날에는 몽땅 햇볕에 널어놓고 일광소독도 한다. 밖에 있는 장난감을 가지고 오겠다고 고양이들이 방충망을 긁어대서, 집안에서는 보이지 않는 위치에서 둔다.

고양이가
좋아하는
청소 정리

1쇄 인쇄 2019년 8월 1일
1쇄 발행 2019년 8월 10일

지 은 이 야노 미사에
옮 긴 이 이해란

펴 낸 이 김영철
펴 낸 곳 국민출판사
등   록 제6-0515호
주   소 서울시 마포구 동교로 12길 41-13 (서교동)
전   화 (02)322-2434
팩   스 (02)322-2083
블 로 그 blog.naver.com/kmpub6845
이 메 일 kukminpub@hanmail.net
편   집 고은정, 박주신, 변규미
디 자 인 이수연
경영지원 한정숙
종이 신승 지류 유통 인쇄 예림 코팅 수도 라미네이팅 제본 은정 제책사

ⓒ 야노 미사에, 2019

ISBN 978-89-8165-631-7 (13490)